KB168622

활기찬 도심 만들기

도시설계와 재생의 원칙

활기찬 도심 만들기

도시설계와 재생의 원칙

Creating a Vibrant City Center : Urban Design and Regeneration Principles

사이 포미어 지음 | **장지인·여혜진·김광중** 옮김

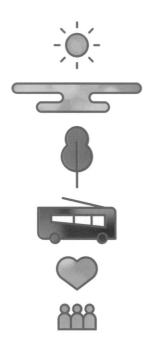

도서출판 대가

서문

–

문명의 역사는 본질적으로 도시의 역사에서 비롯된다. 도시는 인간의 열망과 업적이 오랜 기간 쌓여 만들어낸 위대한 산물이다. 대도시의 다양성과 복잡성은 지적인 에너지와 부를 창출하며, 이로 인하여 건축, 예술, 과학, 종교, 상업, 정치와 같은 문명이 탄생한다.

각 도시는 유일무이하다. 그 도시만의 다양한 구성원의 특성과 고유의 문화, 환경, 역사가 반영되기 때문이다. 도시는 복잡하기 때문에 쇠퇴와 재생의 순환이 불가피하게 반복되지만, 도시 고유의 모습은 그 핵심인 도심에서 가장 잘 드러난다.

이 책은 활기찬 장소(vibrant place)란 '무엇'이고 '어떻게' 만들어지는지에 대하여 설명한다. 도심이라는 장소와 관련하여 45년이 넘는 경험을 통해 얻은 활기찬 도심 만들기의 원칙과 과정에 대한 이야기이다. 도심을 다시 활성화시키는 데 성공한 도시들은 개방적이고 포용적인 과정(open and inclusive process)을 밟았으며, 이를 통해 사람들에게 의견을 제시할 기회를 제공하고 거기서 소중한 깨달음을 얻었다.

도심 재활성화의 개방적이고 포용적인 과정은 민주주의를 가장 잘 보여주는 사례라고 할 수 있다. 이는 강제적인 규제를 최소화하고 합의를 이루는 데 기반을 둔다. 첫 단계는 도심부에 대한 비전(vision)을 수립하는 단계로서, 커뮤니티 워크숍과 집단 토론회(charrette) 같은 방식으로 이루어진다. 이를 통해 참여자들은 모두가 공유하는 공동의 목표를 설정한다. 설정된 목표 달성을 가능케 하는 잠재적 활동과 용도를 도출하면, 이는 추후 미래 활동의 지침(guide)으로 활용된다. 공동의 목표에 따라 다양한 이해관계자 사이에 연대(alliance)가 형성되며, 이는 계획의 추진력을 높이는 역할을 한다.

계획과 설계 과정은 각 이해당사자가 갖고 있는 자산(asset)과 기회(opportunity)에 대한 분석으로 시작된다. 이때 이해당사자 회의, 공공 워크숍과 운영위원회(steering committee) 등을 통해 참여자들의 "보기, 듣기, 배우기"에 중점을 둔다. 이런 과정을 통해 각 도심의 고유성에 대하여 학습할 수 있다. 도심의 강점, 필요사항(needs)과 사회적·경제적·문화적 특성을 목록으로 정리하는 가운데 각 도심의 내재된 특성들이 명확해진다.

어떤 도시든 위대해질 수 있는 가능성을 지니고 있다. 도심에서 나타나는 특성을 부각하면 그 도시를 기억에 남는 장소, 활력이 있는 공간, 휴식을 취할 수 있는 공간, 그리고 풍요로운 환경으로 만드는 기반이 된다. 건강한 도심은 도시와 지역 전반의 경제 발전에 필수적이다. 도시 지도자들과 의사결정권자들은 세심한 디자인, 고품질의 개발과 경제적인 실용주의에 대한 책무를 꾸준히 공유해야 한다.

책을 읽어가면서 앞으로 나아가야 할 길이 확연히 드러날 것이다.

도널드 힐더브란트(*Donald F. Hilderbrandt*),

미 연방조경계획가협회회원
HNTB(도시설계+계획 컨설팅) 설계책임자

역자 서문

—

최근 도심부의 재생이 국가와 지방도시의 주요한 정책과제로 부상하고 있다. 지난 반
세기 동안 도시가 성장하는 과정에서 쇠퇴의 길을 걸어온 도시중심부를 다시 살리는
일이 건축, 조경, 도시설계, 도시계획 분야의 시대적 과제가 되었다. 원도심 또는 구도
심이라고도 불리는 도심부는 도시의 역사적·문화적 원점이고 시민생활의 중심이자
그 도시의 얼굴이다. 좋은 도시는 강한 도심을 가지고 있고, 번영하는 도시에는 활기
차고 매력적인 도심이 있다. 도심부를 어떻게 살릴 수 있을까?

이 책은 미국에서 오랫동안 도심 재생의 실무를 직접 경험해온 사이 포미어(Cy
Paumier)가 저술한 "*Creating a Vibrant City Center: Urban Design and Regeneration
Principles*"를 번역한 것이다. 민간 비영리 단체로서 미국 워싱턴에 본부를 두고 도시
환경 개선을 위한 연구와 교육 기능을 수행하는 Urban Land Institute가 발간한 이
책은 도심부의 재생에 종사하는 실무전문가들과 정책담당자들을 위한 구체적인 조언
을 담고 있다.

저자가 도심부를 살리기 위한 기본 원칙으로서 일관되게 강조하는 것은 공공 영역
(public realm)의 중요성과 도심 환경의 질(quality)이다. 이는 도심을 살리는 데 시청의
선도적 역할이 중요하다는 것을 의미한다. 시청이 먼저 도심부의 공공 공간을 높은
수준으로 개선하여 사람과 비즈니스를 도심으로 불러들이고, 뒤따르는 민간 투자가
도심의 매력과 흡인력을 더욱 높이도록 선순환의 촉매제 역할을 하라는 조언이다. 특
히 저자는 보행자 환경이 도심부의 번영과 직결된다고 강조한다. 걸어서 체험하는 즐

거움과 어메니티가 바로 도심만이 제공하는 장소적 특성이며, 도심의 경쟁력을 지탱하는 기본 자산이라는 것이다. 저자는 세심한 도시설계를 통해 도심부의 다양성과 활력, 역사적 자산과 장소적 매력을 높은 수준으로 살려내면, 상업, 업무, 주거, 문화 등 각 부분에서 민간 투자가 뒤따른다는 사례를 풍부하게 보여준다. 저자는 또한 성공적인 도심 재생은 10년, 20년에 걸친 꾸준한 노력의 결과라는 점을 강조한다. 그것은 시청과 지역사회의 지도자와 구성원이 도심의 비전을 만들고 서로 협력하여 도심 재생의 원칙을 꾸준히 지켜나갈 때 비로소 얻을 수 있는 성과이다. 도심부 계획을 세우고, 세심한 도시설계 지침을 마련하여, 이에 따라 공공 영역을 개선하고 수준 높은 민간 개발을 유도하는 시청의 체계적이고도 지속적인 노력이 강조되는 이유이다.

모든 가치 있는 규범들이 그렇듯이 저자가 권고하는 도심 재생의 원칙도 새로운 것이 아닐 수도 있다. 그러나 이 책의 교훈은 그 원칙을 소홀히 하고 실천적 노력과 접목시키지 않는 데 도심 쇠퇴의 문제가 있다는 것이다. 또한 저자가 제안하는 일부 도시설계의 원칙은 국내 도심의 맥락에 부합되지 않는 측면도 있다. 상업건물의 건축적 특성 유지와 연속성 확보에 대한 강조는 국내 도시에 적용할 여지가 제한적이며, 도로폭과 교통량의 차이에 비추어 노상주차장에 대한 처리와 보도공간 디자인 원칙도 국내 실정에 맞게 해석되어야 할 것이다. 이러한 점을 분별한다면, 이 책이 제시하는 도심 재생의 핵심 원칙은 한국 도시의 도심을 살리는 데 적용해야 할 가치 있는 실천규범으로 삼을 수 있을 것이다.

이 책은 건축, 조경, 도시계획 관련학과의 학부와 대학원 과정의 교재나 참고도서로 적합하다고 생각된다. 도심부의 도시설계나 도시재생 스튜디오에서 이러한 원칙을 반복적으로 익히고 적용해보기를 권한다. 또한 도심 재생 정책담당자와 실무전문가들이 수행하고 있는 도심 재생 계획과 사업을 점검하고 내실화하는 데도 유용한 참고자료가 되기를 바란다. 원본의 내용이 국내 독자들에게 되도록 쉽게 전달되었으면 하는 바람에서 과감히 풀어서 의역하는 방식을 택했으며 필요하다고 판단되면 부가적인 설명을 추가했다. 이 책은 도심 재생의 원칙을 간명하게 서술하면서 그 원칙을 시각적으로 보여주는 풍부한 이미지를 제공하고 있다. 글과 함께 사진자료와 사진설명에도 주의를 기울이면 도심 재생의 원칙을 보다 효과적으로 파악할 수 있을 것이다.

　이 책은 도심을 다시 살리는 데 지름길이 없다는 점을 시사한다. 원도심 또는 구도심의 쇠퇴는 다른 도시지역과의 경쟁에서 뒤처진 냉엄한 경제지리적 현상이기 때문이다. 그러나 이를 극복해 나가야 하는 이유는 도심이 포기할 수 없는 각 도시의 소중한 역사적, 문화적, 장소적 자산이기 때문이다. 전국으로 확산되고 있는 도심부 재생사업이 한국의 도시 환경을 업그레이드시킬 수 있는 좋은 기회가 되고, 이 번역이 그 실천적 노력에 조금이나마 도움을 주었으면 하는 바람이다.

2018년 8월

역자 일동

저자 소개

—

 사이 포미어(Cy Paumier)는 워싱턴시에 있는 다운타운 DC(Downtown DC) 도심업무개선지구(Business Improvement District: BID) 도시설계 컨설턴트이며 HNTB Corporation의 도시설계 수석고문이다. 그는 2002년부터 120개 블록 크기의 BID 구역 안에 있는 공원, 광장, 거리와 대로를 대상으로 5개년 공공영역 개선사업(public real improvement plan) 계획에 참여하고 있다. 계획과 연계된 실행 전략은 미국 국립공원관리청(National Park Service), 콜럼비아특별구 도시계획청(District of Columbia Office of Planning), 국가수도계획위원회(National Capital Planning Commission), BID 부동산 소유주와 함께 협력하여 구상되고 있다.

 포미어는 HNTB가 미국 전역에 걸쳐 수행한 도시설계 프로젝트의 책임자였으며 현재 HNTB사 소속 LDR International의 설립자이자 이사로서 도심부 도시설계 및 계획 구상을 통해 도심환경 개선에 기여하였다. 그는 HNTB와 LDR에서 30년간 담당해온 계획 및 비전 만들기 과정을 통해 미국과 영국의 50개 도시에서 성공적으로 공공 및 민간 투자를 촉진했다. 포미어는 높은 품질의 공공 영역을 창조함으로써 사람들이 도심에서 생활하고 근무하며 쇼핑과 여가를 즐길 수 있게 했다.

 포미어를 포함한 LDR 자료조사와 교육을 위해 시간과 자원을 투자하는 것을 아끼지 않는다. LDR가 작성하고 발간한 많은 교육 자료들은 고객들로부터 영감을 얻은 결과물이다. 예컨대, 「메릴랜드 역사도시들에 새로운 삶을(New Life for Maryland's Old Towns)」 보고서는 1979년에 메릴랜드역사재단으로부터 후원을 받아 메릴랜드 역사도시의 재투자 가능성을 중점적으로 다루었다.

이 책은 조지아주 서배너시, 매릴랜드주 볼티모어시, 워싱턴 D.C.의 도심부 살리기 프로젝트를 통하여 발전되었으며, 책자로 발간하기 위하여 Urban Land Institute(ULI)에 제출되었다. ULI와 3년간 협력한 결과, 1988년에 「성공적인 도심 설계하기(*Designing the Successful Downtown*)」가 발간되었다. 이는 그동안 미국 여러 도시에서 진행되고 있던 도심재생 과정에 적용된 원칙과 전략을 수록한 것이다. 이 책의 발간이 계기가 되어 저자는 미국과 외국에서 도심부 재생 교육 프로그램과 컨퍼런스에 활발하게 참여하게 되었으며, 본 개정판에는 전 세계 전문가들과 교류하면서 얻은 지식과 경험이 포함되어 있다.

LDR과 HNTB 이전에 포미어는 메릴랜드주 컬럼비아시 신도시를 개발한 라우스 컴퍼니(Rouse Company)에서 도시계획 책임자로 재직하였다. 그는 또한 캐나다 몬트리올시에 있는 1,000에이커 규모의 넌즈 아일랜드(Nun's Island) 개발, 텍사스 휴스턴시 외곽에 위치한 Woodlands 신도시 개발, 버지니아주 레스턴(Reston)시의 도심 개발에 대한 설계를 주도하였다

사이 포미어는 오하이오 주립대학교에서 학사 학위와 하버드 대학교 디자인대학원 (Graduate School of Design)에서 석사 학위를 취득하였다.

바치는 글

—

이 책을 나에게 도시경관의 아름다움을 일깨워주신 내 아버지 싸이 포미어 시니어 (Cy Paumier Senior), 내가 하버드대학교 대학원에서 공부하도록 격려해주신 오하이오 주립대학교 농구 감독 프로이드 스탈(Floyd Stahl), 나를 도시설계 분야에 입문시켜주신 에드먼드 베이컨(Edmund Bacon), 그리고 1969년 전문활동을 펼칠 수 있도록 LDR International의 설립 기회를 제공해주신 버나드 와이즈바운드(Bernard Weissbound)에게 바친다.

목 차

목 차

목 차

The image of a great city stems largely from the quality of its public realm—its streets, boulevards, parks, squares, plazas, and waterfronts.

—Cy Paumier

위대한 도시의 이미지는 거리, 대로, 공원, 광장, 수변공간 같은 공공 영역 (public realm)의 질에서 나온다.

— 사이 포미어

서 론

수십 년간 불안과 불확실성으로 가득했던 도심은 비즈니스, 문화, 엔터테인먼트의 중심으로 제자리를 다시 찾아가고 있다. 도심은 활력이 넘치고 다채로운 색깔과 다양성이 있으며 뜻밖의 일들이 일어나는 장소이다. 그래서 사람들은 도심을 찾고 새로운 것을 발견한다. 도심은 여가와 오락의 기회를 제공하고 사람들은 그런 도심을 즐긴다. 도심은 보고, 보여주고, 만나고, 배우고, 즐기는 장소이다. 수백만 명이 거주하는 도시의 중심지이자 수많은 방문객들을 끌어들이는 도심에서는 다양한 사람들이 섞여 멋진 인간적 화학반응(human chemistry)이 일어난다. 도심은 엔터테인먼트와 관광을 위한 특별한 배경이 되어주고 도시와 지역의 경제를 활성화할 수 있는 잠재력을 품고 있다.

위대한 도시의 이미지는 거리, 대로, 공원, 광장, 수변공간 같은 공공 영역(public realm)의 질에서 나온다. 개별적인 건축 랜드마크는 아이콘(icon)이 될 수 있지만, 한 도시를 살기 좋고 기억에 남게 하는 것은 공공 환경의 전반적인 질이다. 잘 설계되고 관리된 공공 영역은 지역사회가 자부심을 갖게 하며 강하고 긍정적인 이미지를 창출한다. 이런 환경은 강건한 지역경제시장과 맞물려 민간 개발투자를 유치시킴으로써 도시의 경제사회적 심장을 계속해서 뛰게 하고 더욱 강화시킨다.

이 책 『활기찬 도심 만들기』는 도심이 성공하는 데 핵심적인 두 가지 도시계획/도시설계 원칙과 전략을 제시한다.

❖ **다양한 시장**Diverse Market   한 도시의 특유한 성격은 다양성과 서로 보완되는 용도들이 집중됨으로 분명해진다. 이런 용도들은 보행활동을 유발하고 활기찬 사회적 환경으로 이어지며, 이들은 다시 복합적인 용도를 지속시킨다.

❖ **고품질의 장소**High Quality Place   시각적으로 매력적이며 편안하고 안전한 물리적 환경은 도심의 미래에 대한 확신과 책임감을 북돋우며, 오랜 기간에 걸쳐 도심에 대한 지속적인 투자를 이끌어낸다.

▼ 뉴욕시의 브라이언트 공원(Bryant Park, New York City)

▲ 오리건주 포틀랜드시의 모리슨 거리(Morrison Street, Portland, Oregon)

▼ 시카고시의 노스미시건대로(North Michigan Avenue, Chicago)

▲ 캐나다 토론토의 CIBC 은행 광장(CIBC Bank Plaza, Toronto, Canada)

▼ 런던의 트래펄가 광장(Trafalgar Square, London)

▲ 파리의 샹젤리제(Champs-Elysees, Paris)

▼ 독일 뮌헨의 마리엔 광장(Marienplatz, Munich, Germany)

이런 두 가지 특성은 서로 밀접하게 연관되어 있으며 성공적인 도심 재생을 위해 동일한 중요성을 부여할 필요가 있다. 도심의 다양한 용도를 분석하여 부재하거나 부족한 기능과 활동을 발견하도록 한다. 선호하는 복합 용도와 생활편의시설을 유지하거나 유치하는 프로그램을 실행하기 위해 재정지원과 여러가지 인센티브를 제공하여 적절한 용도와 활동의 균형을 달성하도록 한다.

마케팅 및 경제 개발 시책과 함께, 도시는 가로경관, 플라자, 공원과 공공장소, 간판, 조명, 대중교통, 차량통행, 주차 등이 포함되는 공공기반시설(public infrastructure)을 개선할 필요가 있다. 주요 건물의 보존 및 수복, 그리고 새로운 건물의 건축설계의 우수성에도 동등한 중요성을 부여해야 한다.

지난 20년 동안 잘 계획된 공공 영역 개량사업을 통하여 발생한 경제적 · 사회적 편익에 대한 사람들의 인식이 점점 높아지고 있다. 오리건(Oregon)주 포트랜드시의 '보행 친화 환경 만들기' 사업은 주거지역, 오피스, 상업 개발에 대한 민간 투자를 촉진시켰다. 포틀랜드 도심의 설계, 건설, 관리에서 입증된 방법과 과정은 고품질의 공공 영역이 도시와 지역 전반의 재생에 얼마나 큰 영향을 미치는지 잘 보여주는 우수사례이다.

장소 만들기와 고품질 환경 조성의 중요성과 가치가 부동산개발 전문가들과 지역사회 지도자들에게 조명되면서 활기찬 도심개발은 도심주택시장의 성장 원동력이 되고 있다.

지자체와 민간기업 간의 굳건한 파트너십은 도심의 성공적이고 혁신적인 사례들을 만들어내고 있다. 기성시가지의 상업 지역 개선지구(Business improvement district: BID)는 도심 문제 해결에 있어서 공공 공간 관리, 치안과 마케팅과 같은 관리체계와 주민참여의 중요성을 보여준다. 세계 여러 도시들은 도심개발과 재생을 위하여 공공 · 민간 파트너십 구축이 필요하다는 것을 깨닫고 있다.

위대한 도시들은 우연히 진화하지 않았다. 또한 단 하나의 표본에 맞춰 형성되지도 않았다. 이 책『활기찬 도심 만들기』는 어떤 도시 규모에도 적용이 가능한 성공적인 장소 만들기의 원칙과 지침을 보여준다. 미국, 영국, 유럽, 호주의 50여 개 도시들에서 진행한 저자의 연구와 도시설계 프로젝트를 기반으로 이 책은 도시재생을 위한 종합적인 실행계획을 제시하고자 한다.

01

역사적 조명

The parks of Washington are among the most beautiful in the world.

—**Washington Post**, *1903*

워싱턴의 공원들은 세계에서 가장 아름다운 공원 중 하나이다.

– 〈워싱턴포스트〉, 1903

역사적 조명

Historical Perspectives

18세기부터 20세기 중반까지 도심부는 지역경제와 사회생활의 중심에 있었다. 사람들은 도심에 모여 상품과 서비스를 생산하고 교역했으며, 정보와 생각을 교류하였다. 도심은 생활과 문화의 중심이었고 지역사회의 정체성을 상징하였다. 비록 사회경제적인 요인들로 인해 도시의 물리적 형태와 기능이 달라졌지만 도시가 성공하기 위해서는 과거 도시에 내재되었던 특성들이 오늘날에도 여전히 매우 중요하다. 도심 재생의 새로운 물결은 도시생활의 특성을 되살리기 위한 시도이다. 이 장은 도심을 형성하는 특성들을 역사적인 관점에서 살펴본다.

도심의 특성

도심에는 다른 지역이 갖지 못한 어떤 특성들이 있으며, 이러한 특성들로 인해서 도심부에 사람들이 모이고, 업무를 하고, 쇼핑을 하고 거주하게 되었다. 접근성, 용도의 다양성, 이용의 집중·강도, 그리고 공간적 조직 구조가 이런 특성에 속한다.

접근성Accessibility

전통적으로 도심은 지역교통 네트워크의 허브였다. 도심부에 훌륭한 도로, 수로(水路)

▲ 워싱턴 펜실베이니아대로(Pennsylvania Avenue, Washington, D.C.)는 피에르 랑팡(Pierre l'Enfant)에 의하여 1791년에 계획되었다. 이 의전용 길은 권력의 장소인 미국 국회의사당과 백악관을 이어준다. 1927년부터 펜실베이니아대로는 부유층이 애용하는 장소로서 호텔, 극장, 정부 사무실과 상점들이 즐비한 워싱턴시의 중심 도로가 되었다.

그리고 철도가 위치하게 되면 제조업 및 비즈니스 활동을 하는 데 경쟁력이 생긴다. 이는 상업 밀집화로 이어져서 많은 투자를 발생시키며 튼튼한 경제를 창출한다. '발의 힘(foot power)'과 마력(馬力)이 1차 교통수단이었던 과거에는 거의 모든 도심의 기능들은 서로 가까운 거리에 있어야만 했다. 주거와 직장이 상대적으로 근접해야 했기 때문에 전통적인 도심부에는 직장과 주거가 함께 입지했으며 다양한 사회계층의 사람들이 모여 살았다.

용도의 다양성Diversity of Use

근접성에 대한 필요는 결과적으로 다양한 사람들과 풍부한 활동들이 서로 뒤섞이게 만들었다. 가게와 상점들이 밀집된 클러스터(cluster)를 이루고 전략적인 위치를 활용하여 주변 주민과 비즈니스에 서비스를 제공했다. 그뿐만 아니라 관청, 법원, 학교와 문화시설들도 도심에 위치해 있었다. 이렇게 잘 혼합된 도심 용도는 전문적인 기능을 증진시켜 경제적인 활기를 북돋웠다. 도심의 풍부하고 다양한 용도혼합이 유지되는 한 이들 요소 중 하나가 손실되거나 부진하더라도 경제 전반이 손상될 우려가 적었다. 하지만 많은 도시들이 제조업 분야에 지나치게 의존하여 비즈니스 다양성이 결여되면서 결과적으로 도심의 쇠퇴를 경험했다.

비즈니스, 쇼핑, 주거 및 여가와 같이 서로 중복되는 활동 영역들은 사람들로 하여금 동일한 가로를 서로 다른 시간대에 각기 다른 목적을 위해 사용하도록 한다. 결과적으로, 보행 활동의 지속적인 순환(cycle)과 활동량은 잠재적 이용자(potential users)와 소비자의 수가 도심활성화를 유지하는 데 필요한 최소한의 인원규모(critical mass)를 유지시키며, 이들의 활동은 상호지원관계망(web of mutually supportive relationship)을 형성한다. 전통적으로 도심 이용의 특성인 다목적성과 높은 보행 활동량은 풍부한 사회적 환경을 조성했다. 용도의 혼합은 우연한 만남이 이루어질 수 있는 기회를 늘리고 모임(meeting)과 사회적 참여(social engagement)를 더욱 편리하게 만드는 데 기여했다. 따라서 도심은 개인 간 접촉(personal interaction)의 중요한 중심지가 되어 정보 및 아이디어의 교환을 촉진시켰고, 이에 따라 도심의 경제적, 사회적 활력은 증가했다.

용도의 집중과 강도Concentration and Intensity of Use

전통적으로 도심은 지가(地價)가 높기 때문에 그만큼 개발이 집중되었다. 대지의 건폐율을 최대화하기 위해 건물은 도로와 매우 가깝게 지어졌으며 이는 공간적으로 에워싸인 느낌을 강하게 주었다. 도심개발의 밀도는 높았지만 건물 높이가 제한되었고 휴먼 스케일이 보존되었다. 건물 높이와 크기(mass)의 일관성은 도심의 건축적 조화와

▲ 워싱턴의 중심 상가 F거리(F Street)는 고급 상점, 레스토랑과 영화관의 허브로 번성하였다. 도심지의 다양한 이용도는 높은 보행 활동으로 이어졌고 이는 특화된 소매상가와 상업 기능으로 발전하였다.

▼ 역사적인 시장의 생동감은 도시가로의 보행 친화적인 스케일과 공공 공간과 연관되었다. 성공적인 소매상가 지역에서는 사람들이 도심을 좋아하게 만드는 이런 가로와 공공 공간을 보존하고 개선하였다.

시각적 응집력, 그리고 보행자 스케일을 강화시켜주었다.

공간적 조직 구조Organizing Structure

미국 도시의 도심부에 보편적으로 적용된 격자형 도로체계(grid street system)는 토지를 측량, 분필(subdivision), 매매하는 데 가장 편리하고 단순한 방법으로 도시의 건축과 전반적인 개발을 질서정연하고 이해하기 쉬운 공간구조로 만들어주었다. 주로 거리(street)를 통해 시장(consumer market)에 접근할 수 있었기 때문에 건물의 전면이 거리에 면하게 하려는 경쟁이 치열했다. 보통 필지의 전면 폭보다 깊이가 길었기 때문에 블록(block)마다 폭이 좁은 건물 전면(front)은 다양하고 또렷한 패턴을 연출하였고 거리에는 활동이 끊이지 않았다. 상업적 용도로 1층은 최상의 입지였으며 위층은 거주 또는 기타 비(非)상업용 기능으로 사용되었다.

역사적으로 미국 도시에서, 한 블록을 시청 광장이나 야외시장으로 남겨두는 도시계획은 흔하지 않았으며 일반적으로 도심 중심부에 큰 오픈 스페이스가 있는 경우는 매우 드물었다. 오픈 스페이스는 가끔 도로격자(street grid)를 수정하면서 건물을 지을 수 없는 필지가 발생했을 때나 만들어졌다. 이러한 희귀성 때문에 도심 오픈 스페이스는 특별한 가치를 부여받고 주변의 도시건축과 대조·대비되어 그 영향력이 상승했다.

도심 시장구성의 변화

20세기를 거치며 교통, 토지이용, 경제 및 인구 변화는 도심에 극적인 영향을 미쳤다. 이런 변화의 배경에는 복잡한 인과관계가 존재하지만, 도심의 위상이 흔들리게 되고 쇠퇴를 부른 몇 가지 이유를 꼽아볼 수 있다. 19세기가 끝날 무렵 마차와 전차의 등장으로 직장, 주거와 여가 공간들이 서로 분리되고 지리적으로 흩어질 수 있게 되었다. 1950년대, 자동차는 도시주민과 기업들의 기동성을 향상시켰다. 트럭 운송은 더욱 저

▲ 워싱턴의 시장 광장은 야외 활동과 특별한 행사를 위해 설계되었다. 사람들은 소매점, 농산물 판매자, 행사에 끌려 도시의 여러 주거지역에서 모여들었다.

▼ 도시계획가 알렉산더 셰퍼드(Alexander Shepherd)는 주거지 가로와 근린공원들을 설계하고 계획하여 워싱턴 주민들에게 고품질의 가로 네트워크와 공공 영역을 제공했다.

▲ F거리(F Street) 소매상가 지역은 1940년대에 워싱턴 일대의 주요 상업중심지가 되었다. 도시 전 지역의 주민들은 훌륭한 전철 서비스 덕분에 도심에 있는 상가, 극장과 레스토랑에 쉽게 접근할 수 있었다.

▼ 1950년대 중반에 자동차, 트럭과 버스에 길을 내어주기 위해 전철 네트워크를 철거하면서 워싱턴 도심의 접근성이 떨어졌다. 또한 주차시설 부족으로 주차 문제가 발생하였다.

▲ 백악관 정원과 라피엣 공원(Lafyette Park)은 워싱턴에서 가장 중요한 공공 공간이다. 가로수가 늘어선 대로(boulevard)는 라피엣 공원에서 북쪽으로 뻗어나가며 이 역사적인 축을 따라 재투자와 개발을 하는 데 긍정적인 환경적 틀을 제공한다.

▼ 상가와 주거 기능이 도시 외곽으로 이전할 때 라피엣 공원과 워싱턴에 위치한 다른 중요한 공공 공간들은 민간과 공공 투자의 초점이 되었다. 새로운 오피스와 서비스, 상업 활동이 이들 역사적 녹지공간 주변에 개발되어 도시의 경제적 재생을 촉발했다.

렴하고 편리해졌으며 많은 기업들이 강변 또는 철도 부근에 입지해야 하는 조건에서 벗어날 수 있었다. 인구가 증가하고 경제가 확장하면서 도심을 떠나는 속도는 더욱 빨라졌다.

도심 쇠퇴의 조짐은 부유한 거주민이 대거 도심 밖으로 이주하면서 나타났다. 도심의 확장과 함께 수익성이 높은 상업지역이 주택가를 침범하기 시작하였고 이는 환경의 질을 악화시켰다. 도심지역의 주택들이 노화되어가면서 지역의 매력도 역시 떨어지기 시작했고 금전적인 여유가 있는 사람들은 도심을 떠나 거주하면서 도심에 있는 직장으로 통근하게 되었다.

새로운 기술발달에 따라 고층건설이 가능해졌다. 결과적으로 도심의 지가가 상승해 작은 단위의 주거지들을 유지하기 어렵게 되었다. 주거지의 감소로 인해 도심의 경제적 기반이 다양성을 상실하고, 낮과 밤이 따로 없던 활동주기가 주간 활동에 의존하게 되었다. 도심은 동시에 더욱더 특화되고 제한된 상업지역으로 바뀌었다.

▼   워싱턴의 훌륭한 거리와 대로들은 새로운 투자를 유도하는 통합된 물리적 틀이 되어주었다. 또한 보행자 활동과 특별한 행사를 위해 고품질 환경을 제공했다. K거리(K Street)의 공공 영역.

▼ 펜실베이니아대로(Pennsylvania Avenue)는 중요한 공공 공간으로서 시민의 이용을 높이려는 목적으로 재설계 및 재건설되었다.

도심의 물리적 특성의 변화

상당한 고용감소와 함께 상업과 주거 용도가 줄어든 도심에는 병원, 법원, 법률 또는 금융 서비스를 제공하는 전문 오피스 같은 특화된 시설과 함께 공공 청사, 문화시설, 교육시설들이 남게 되었다. 이들 기관들이 낮 시간에만 운영됨에 따라 주간(daytime) 활동이 주가 되었고 도심의 생활주기는 더욱 축소되었다. 빈 점포들이 더욱 늘어나고 고급 세입자들이 도심을 떠났다. 결국 건물의 유지·관리에 투자할 여력이 없는 업체들이 주로 도심에 남게 되고, 이에 따라 도심의 경제기반에 대한 투자가 어려워져서 도심은 더욱 쇠퇴의 순환을 겪게 되었다.

달라지는 가치와 태도

지난 50년 동안 많은 도시들이 쇠퇴를 겪었지만, 잘 계획된 도시에 대한 거대한 시장 수요는 여전히 존재한다. 이는 사람들의 가치변화와 함께 도시생활과 환경의 중요성에 대한 새로운 인식에 따른 것이며, 잘 관리되고 설계된 도심부에 대한 요구도 이러한 경향을 반영한다. 양적으로 풍부하고 다양한 활동을 가진다는 점이 도심부의 경쟁력이며 상대적 이점이다. 도심은 오피스, 기업 본사, 유통 센터들이 입지할 자리를 제공할 뿐만 아니라 문화·스포츠 시설, 만남의 장소, 숙박 등에 대한 수요를 충족할 수 있다. 이런 시설과 활동들을 통해 기업이익, 소비자 그리고 현대의 상업이 요구하는 모든 역동적인(dynamic) 지원 시스템이 도심으로 집중된다. 도심만의 개성이 표현되고 장점이 활용되면서 도심은 풍요롭고 만족스러운 삶의 질을 제공한다.

02

도심 재생의 **원칙**

소중하게 남아 있는 유산을 배경으로 점진적으로 슈정해 나갈 수 있는 세상, 그런 세상에서는 역사의 흔적과 함께 자신의 개인적인 흔적도 남길 수 있다.

— 케빈 린치

A world that can be modified progressively against a background of valued remains, is a world in which one can leave a personal mark alongside the marks of history.

—Kevin Lynch

도심 재생의 원칙

Regeneration Principles

지난 20년간의 경험으로부터 성공적인 도심 재생을 위한 7개 원칙들을 아래와 같이 추출할 수 있다.

❖ 다양한 용도 촉진Promote diversity of use

❖ 조밀함 장려Encourage compactness

❖ 강도 높은 개발Foster intensity of development

❖ 균형 있는 활동 보장Ensure a balance of activities

❖ 접근성 제공Provide for accessibility

❖ 기능적 연계 조성Create functional linkages

❖ 긍정적인 정체성 구축Build a positive identity

원칙 1: 용도를 다양하게 하라

건강한 도심은 서로 지원하는 여러 가지 용도가 혼재되어 다양하고 활기찬 비즈니스 및 여가(entertainment) 환경을 이루어야 한다. 건강한 도심은 사람들에게 도심을 방문해야 하는 이유를 제공하고 낮과 밤을 도심에서 머물도록 동기를 부여한다. 그럼으로

▲ 극장과 문화시설이 상업지구에 위치하면 비즈니스와 여가 환경이 활기차다. 공공 영역의 개선과 야외 활동이 가능한 공간을 개발하여 활동의 혼재를 이룬 오리건주 포틀랜드시이다.

▼ 많은 도시들은 이용도가 낮은 대지에 건축물을 조성하여 조밀한 도심을 만든다. 역사적 가치가 있는 건물을 보전하여 거리에 풍요로움과 시각적 흥미를 더한다. 사례: 워싱턴시(좌), 보스턴(우)의 공원

써 사람들을 더 많이, 더 자주, 더 오랫동안 도심으로 끌어들인다. 용도의 혼재(mix)에는 업무, 주거, 여가뿐 아니라 소매점과 식당이 포함되어야 한다.

또한, 도심의 다양한 용도는 대중교통으로 연계되어야 한다. 잠재시장(potential market)의 기회를 최대화하기 위해서는 도심의 다양한 기능이 공공 인프라와 보행자 동선(pedestrian movement)에 의해 잘 연계되어 균형을 이루는 것이 중요하다.

원칙 2: 조밀한 환경이 되게 하라

보행자 활동을 촉진하기 위해 도시의 중심부는 조밀(compact)해야 한다. 도심이 조밀해야 걸어서 쉽게 접근할 수 있는 활동들이 군집되어 도심의 활력을 유지하는 데 필요한 만큼의 보행 활동량(critical mass of activities)을 만들어낸다. 이를 위해서는 먼저 도시 조직에 있는 공백(gap)을 메워야 하는데, 이는 도심지역 가운데서도 눈에 잘 띄는 위치에서는 더욱 중요하다. 상대적으로 작은 공백이라도 건물들의 연속성이 끊기면 보행자의 흐름을 저해하는 큰 요인이 될 수 있다. 주요 거점시설(major anchor)과 활동 영역(activity center)이 너무 멀리 떨어져 있거나 주차장이나 빈 상점으로 인해 공백이 생기면 보행 활동과 경제적 시너지가 감소할 수 있다.

많은 도시들에서 새로운 고밀도 개발은 지가가 더 낮고 필지를 더 쉽게 합필할 수 있다는 이유로 도심지역의 외곽에서 이루어지는 경향이 있다. 고밀도 개발이 도심의 전통적인 상업 중심부와 보행 거리 안에 있다면 큰 문제가 되지 않지만 전통적인 도심과 새로운 개발지역 간 거리가 걷기 어려울 정도라면 도심은 타격을 받을 수 있다.

원칙 3: 개발의 강도를 높여라

밀도 있는 개발은 도심에 필요한 활동량의 최소 규모(critical mass)를 확보하는 데 중요하다. 그러나 동시에 새로운 대형 개발 프로젝트가 도심의 기존 자산(asset)이나 축적된 건물(building stock), 그리고 가로활동에 부정적 영향을 미치지 않도록 하는 것도 중

▲ 장소성이 떨어지는 도시에서는 도심 한복판에 개방된 공간을 조성하는 것이 중요하다. 오하이오주 신시내티시에는 도심에 녹지공간과 광장을 조성해 도심에 진행되는 고밀도 오피스 개발을 보완했다.

요하다. 낮은 밀도의 개발이 이루어지는 소규모 도시들에서는 기존에 투자된 것들을 지키는 것이 과도한 신규 대형 개발 프로젝트보다 나을 수 있다.

   적절한 규제나 지침이 없을 때, 고밀도 개발을 허용하는 지역제(zoning)는 건축적 독특함으로 도심의 품위를 높이는 데 기여하는 오래된 건물이 철거되는 악영향을 미칠 수 있다. 지역제는 대체로 기존의 개발 패턴과 맞지 않는 스케일의 신축을 허용해주기 때문에 연속성이 떨어지는 개발 패턴으로 이어진다. 결과적으로 중층(mid-rise)의 역사적 건물이 고층 타워, 교외지역에나 적합한 개발, 그리고 넓은 주차장과 혼재되게 마련이다. 이러한 부정적 영향을 막기 위해서는 도심부계획(city center plan), 개발규제(development regulations), 심의과정(review process)을 통해서 건물과 길(street)의 관계를 세심하게 설정하고 가로 공간의 질에 대한 기준을 제시해야 한다. 흥미를 유발하는 상점의 쇼윈도와 현관 로비가 계속되면 거리의 연속성이 만들어지고, 사람들은 보행회랑(pedestrian corridor)을 따라 지속적으로 공간적 위요감(sense of spatial enclosure)을 경험하게 된다.

기존 도시조직 내에서 적절한 스케일로 충진식 개발(infill development)을 유도하고 건물 위층 공간을 사무 용도와 주거 용도로 사용하면 용도의 혼합과 효율을 상당히 끌어올릴 수 있다. 높은 건물을 블록의 중심 또는 뒤편에 배치하거나, 대형 신축건물의 높이를 뒤로 갈수록 점진적으로 올려서 시각적으로 분절시키는 방법은 도심의 인간적 스케일을 저해하지 않으면서 토지이용의 강도를 높이는 효과적인 전략이다.

원칙 4: 도심 활동이 균형을 잃지 않도록 하라

도심에는 낮과 밤에 걸쳐 활동이 균형 있게 일어나도록 해야 한다. 예컨대, 사무공간이 불균형적으로 많을 경우 도심은 근무시간 이후에 텅 비게 된다. 그러므로 근무시간 이후에도 활기를 잃지 않도록 상점, 관광명소와 주거를 잘 혼합해야 한다.

한정된 용도만 지나치게 밀집하는 것을 피해야 한다. 주요 용도를 중심으로 특별한 구역(special precinct)을 만드는 것을 외곽도시(edge city)에서 흔히 볼 수 있는데, 이러한 방식은 한정된 용도만으로는 도심부 재생에 기여할 가능성이 적기 때문에 도심부에는 적합하지 않다.

원칙 5: 편리한 접근성을 제공하라

도심으로의 차량 접근과 편리하고 효율적인 주차는 기본적으로 갖추어야 할 조건이다. 그러나 도심의 활성화를 위해서는 보행과 보행자에게 분명한 우선권을 주는 것이 중요하다. 넓은 보행자 도로와 편의시설이 있어야 보행자의 경험이 향상되며, 도로가 장애물이 아닌 연계로 작용한다. 높은 질의 보행 환경, 효율적인 차량 접근, 대

▲   오래된 창고건물을 예술 센터로 재활용한 버지니아주 알렉산드리아시는 사람들을 주변 상점과 레스토랑으로 끌어들여서 저녁과 주말에 새로운 생명력과 활력을 창출했다.

▼   고품질의 보행자 환경은 보행을 독려하고 버스와 대중교통 이용률을 높이며, 구매고객에게 상가를 더욱 이용하도록 유도한다. 시카고시 노스미시건대로는 세계에서 가장 성공적인 보행 중심 가로이다.

중교통에 대한 접근성을 보장하도록 도심부 순환 패턴(circulation pattern)은 명료하고 효과적으로 제공되어야 한다.

도심에 있는 상가 및 편의 서비스를 지원하기 위해 단기간 노상 주차를 위한 공간이 우선시되어야 한다. 도심에 하루 종일 차를 세워두는 통근자들의 주차장 수요를 대중교통, 주차장의 외곽배치(peripheral parking), 카풀(carpool)을 통해 가능한 한 최소화한다.

대도시에는 고급 세입자와 주민을 고밀도 오피스와 도심주거단지로 끌어들이기 위해 지하주차장이 필요하다.

원칙 6: 도심 기능들을 잘 연결하라

도심에는 활동이 집중적으로 일어나는 여러 활동 구역(activity centers)이 있는데, 사람들이 활동 구역 사이를 걸어서 다닐 수 있도록 해야 한다. 이를 위해 활동 구역들은 직접적이고 편리하게 연결되어야 하며, 그 연결로(linkage)는 물리적으로 매력 있게 조성되어야 한다. 보행자 연결은 도심 활동을 함께 묶어주는 통합된 네트워크를 만들어야 하며, 이 네트워크는 특징 있는 가로풍경(streetscape)을 만들고, 적절히 오픈 스페이스를 조성하며, 가로 레벨의 건물 용도를 활력 있는 것들로 채움으로써 제 기능을 발휘할 수 있다. 보행 네트워크는 도심 내 기능들을 잘 연결할 뿐 아니라 인접한 지역과도 연결되도록 만들어야 한다.

도심 내에서 새로운 개발을 허가할 때는 세심한 점검을 해야 한다. 가로에 면하여 차단벽(blank wall)이나 주차장, 심지어 주차건물을 건설하는 등 보행자 경험의 질을 손상하는 개발을 허용해서는 안 된다. 도심부에 적용되는 설계지침(design guidelines)을 만들어 보행 환경을 흥미롭게 해주는 가로 레벨의 건물 파사드(facade)를 권장하도록 한다. 새로운 개발을 통해 블록 사이를 가로질러 주요 가로를 잇고 인근 주차장 부지와도 통하는 연결로를 확보할 수 있다면 이를 적극 활용하도록 한다.

▲ 포틀랜드시의 보행자 네트워크의 통합된 개발은 상업중심지구, 강변, 주거 지역과 여러 공원이나 도시에 있는 여러 오픈 스페이스 시설 간을 연결한다.

▼ 워싱턴주 시애틀시에 있는 웨스트레이크센터의 광장과 야외 카페는 특별한 장소성을 창출했다. 이 공공 공간이 만들어낸 긍정적인 정체성은 광장 주변의 상가와 업무 지구에 이득이 되었다.

원칙 7: 긍정적인 정체성을 구축하라

건강한 도심은 긍정적인 정체성을 가져야 한다. 도심의 긍정적인 정체성을 만들기 위해서는 사람들이 서로 교류(interact)할 수 있는 매력적이고 흥미로운 장소가 필요하다. 도심의 소매, 문화, 여흥, 여가 기능과 각종 이벤트 프로그램은 도심이 나가고 싶은 신나는 장소라는 이미지를 심어준다. 도심 내 주택공급과 도심주거의 촉진도 도심이 안전하고 잘 유지·관리되고 있으며, 살기 좋은 환경이라는 이미지를 구축하는 데 중요하다. 이벤트의 공동 마케팅, 페스티벌, 주차요금 할인, 특별 할인 행사 등의 마케팅과 홍보도 도심부의 특성을 강화시킨다.

03

시장의 **구성요소**

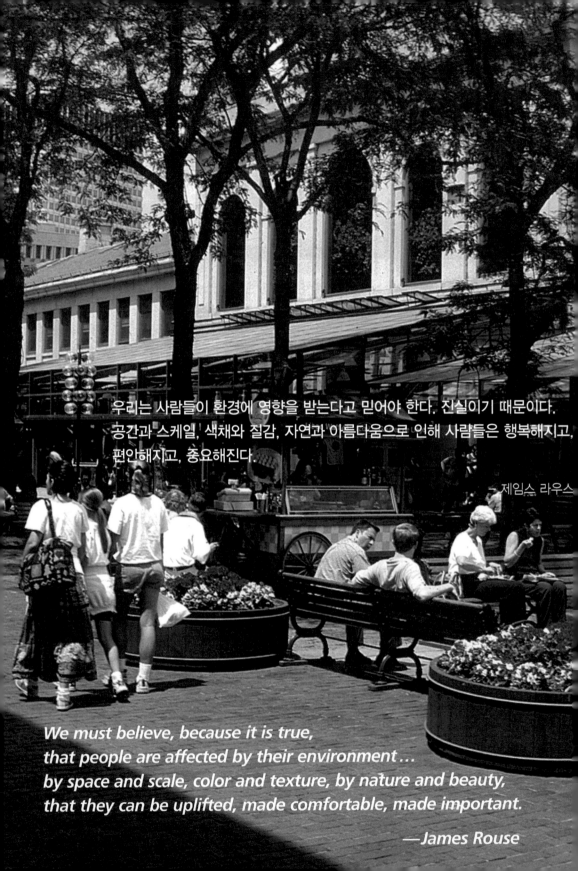

우리는 사람들이 환경에 영향을 받는다고 믿어야 한다. 진실이기 때문이다.
공간과 스케일, 색채와 질감, 자연과 아름다움으로 인해 사람들은 행복해지고,
편안해지고, 중요해진다.

— 제임스 라우스

We must believe, because it is true,
that people are affected by their environment…
by space and scale, color and texture, by nature and beauty,
that they can be uplifted, made comfortable, made important.

—James Rouse

03
—
시장의 구성 요소
Market Components

도심을 구성하는 각 요소들(예컨대, 사무용 시설, 소매시설, 주거시설, 문화 및 여가시설, 호텔 및 컨벤션 센터)은 활기찬 도심을 이루는 데 중요하다. 제3장에서는 도심의 각 용도 유형과 함께 이들의 발전과 성공에 영향을 미치는 요인들에 대해서 알아본다.

사무실offices

도심에서의 사무실건물(offices) 개발은 고용과 세수를 창출하고 식당, 쇼핑, 여가와 같은 다른 용도에 대한 잠재적인 소비자를 확보하게 한다. 따라서 사무실 건물 개발은 다양한 도심 용도 유형의 성장속도를 좌우한다.

　사무실건물은 일반적으로 도심에서 가장 비중이 크고 지배적인 경제 기능을 한다. 왜냐하면 사무실은 중심적 위치와 다른 비즈니스 서비스에 대한 접근성이 중요하기 때문이다. 또한 강도 높은 개발을 가장 많이 이용하면서 이에 대한 수요를 창출하는 것이 사무실건물이다. 도심의 전반적인 물리적 특성과 규모가 잘 유지된다면 강도 높은 개발은 긍정적인 요인이 될 수 있다.

　흔히 도심공간은 주로 사무용 시설로 채워지지만, 거리의 다양한 용도를 유지하기 위해 활기찬 보행 환경을 보장하는 것이 중요하다. 높은 오피스 수요로 인하여 다른 기능이 자리 잡기 힘들 경우, 용적률 보너스(density bonus) 등과 같은 인센티브를 통해 오피스 개발지역에 소매시설과 주거 용도가 공존하도록 장려한다.

도심과 교외는 지역의 오피스 시장을 차지하기 위해 서로 경쟁한다. 오피스 공간에 대한 잠재적인 수요는 다양한 요인에 의해 결정되는데, 경쟁도시 또는 지역 허브로부터의 거리, 도시의 밀도, 특별한 활동 거점의 존재 여부(예컨대, 주(州) 정부 청사, 스포츠 시설, 유명 대학) 등이 그러한 요인들이다.

작은 도시일 경우, 오피스 수요는 주로 금융기업, 보험회사, 회계사, 변호사, 의료 서비스 등과 같은 전문 서비스 제공자들로부터 발생한다. 시장경기가 약할 때, 새로운 세입자를 끌어들이기 위해 선도적인 오피스 개발을 장려하는 인센티브를 사용할 수 있다. 공공 부문은 정부 기능을 도심에 집중시킴으로써 시장 상황이 도심활성화에 유리하도록 지원할 수 있다. 도심에 공동 주차 공간과 다른 공공 편의시설을 제공하

▼   시카고시의 노스미시건대로(North Michigan Avenue)는 고밀도의 사무실회랑(office corridor)과 성공적인 소매상가가 위치해 있는 거리이다. 사무실건물과 상가시설의 고급화는 대로의 동쪽과 서쪽에 있는 역사지구 안에 주거와 호텔 개발에 대한 대형 투자를 촉진했다.

는 것도 이러한 공공 지원책이 될 수 있다.

현지의 금융기관은 오피스 프로젝트에 중요한 파트너가 될 수 있다. 그들은 흔히 눈에 잘 띄고 고품질의 혼합 용도 개발을 원하며 이를 위해 때로는 선도적으로 움직이기도 한다. 또한 금융기관은 다른 개발을 위해 금융과 자기자본을 제공할 수 있다. 이로 인하여 도심에 또 다른 자본투자가 이어질 수 있다.

소도시에는 오피스 개발이 한정적일 수 있기 때문에 현지의 소매사업, 호텔 및 서비스 제공자를 지원하기 위해 다른 경제 활동이 요구된다. 이런 도시들에서는 주거와 문화 · 엔터테인먼트 용도가 전반적인 개발 전략에서 중요 원동력이 된다.

소매상가Retail

소매업 용도가 도심의 부동산 가치나 투자를 결정하는 주요한 기여 요소는 아니지만 이들은 도시의 활력과 이미지에 중요하다. 소매업은 활기찬 거리에서 나타나듯이 도심의 경제적 건강의 가시적인 지표이다. 이는 텅 빈 가게점포의 부정적인 이미지와 대조된다. 도심에서 소매업의 활기를 측정하는 핵심 척도로서 소매점의 총면적뿐만

▼ (좌) 사무지구와 금융가는 도심 역사지구에 위치한 우체국 광장(Post Office Square)이 건설됨으로써 성장하고 번창하였다. (우) 버지니아주의 알렉산드리아시와 같이 소규모 도시들은 고품질의 가로경관과 공공 영역을 만들어 우체국 개발자들을 유치하였다.

▲ 콜로라도주 덴버시에서 13개 블록을 따라 운행하는 대중교통 노선은 몰(Mall)과 도시의 사무용건물, 그리고 소매상가 센터 간의 접근성을 높이기 위해 건설되었다. 보행 환경은 매력적이지만 자동차 도로를 없애 이 중요한 거리에 고급상점들이 입주할 수 있는 기회를 제한하였다.

▼ 전 세계적으로 성공적으로 조성된 상업가로는 높은 수준의 보행 환경과 상점으로의 차량접근성을 제공한다. 건강한 상업지구를 조성하는 데 있어 가시성과 접근성은 매우 중요하다.

아니라 소매점 혼합의 질과 다양성도 매우 중요하다.

　도심은 편의점, 서비스 상업 및 특별 소매점을 혼합하여 모두 제공한다. 그러나 도심에 다른 지역과 구별되는 시장 정체성을 부여하기 위해서는 그것들을 수준 높은 (high quality) 환경에서 제공할 필요가 있다. 매력적인 외부 환경(광장, 특별한 거리 또는 수변)은 이런 이미지에 상당히 기여할 수 있다. 이런 공간은 사람들의 교류의 장으로 활용되며 기존의 비즈니스를 강화하는 데 도움을 주는 식별 요소로 작용한다. 또한 이러한 장소들은 도심에 투자를 끌어들인다.

　흔히 도심 재생에서 소매상가 개발이 첫 단계에서 일어나는 것은 아니다. 오히려 소매 기능을 지원하는 오피스와 주거 용도가 성공적으로 개발된 후 그것을 뒤따라 일어난다. 새로운 문화, 엔터테인먼트, 여가 기능도 새로운 소매업공간을 지원할 수 있다.

소매상가 개발의 유형

도심 소매상가 개발에는 여러 유형이 있다. 지역 센터(regional center), 전문품시장 (speciality marketplace), 혼합 용도 프로젝트, 야외시장, 노점상(street vendor), 동네 서비스 소매상가 등이 그것이다.

지역 센터 Regional Center 지역 센터는 광역도시지역을 상권으로 하는 대형 상업시설로서 대부분 하나 또는 두 개의 백화점을 앵커로 두고 다수의 전국적 체인점들이 입점한다. 성공적인 지역 센터가 있는 도시들도 흔히 도심에는 백화점이 자리하고 있다. 대형 소매업체들은 새로운 점포를 개설하는 데 신중하므로 이미 있던 앵커스토어가 도심을 떠났거나 새로이 입주하겠다는 앵커스토어가 없다면 도심에 새로운 지역 센터를 개발하는 것은 어려운 일이다.

　지역 센터의 약점은 체인점 위주 체계이다. 체인점들은 다른 도시들과 비교하여 특별히 다른 쇼핑 경험을 제공하지 않기 때문이다. 또한 지역 센터가 전통적인 도심의 일부가 되지 않을 경우 기존의 도심 소매점 고객을 빼앗아 갈 우려가 있다. 따라서 지역 센터는 조심스럽게 설계되어야 하며, 내부공간 위주의 개발로 도시에 등을 돌리지 않도록 해야 한다.

전문품시장Specialty Marketplace 이 개발은 전통적인 백화점 대신 식료품과 여가 용도를 앵커로 사용한다. 전체 면적의 30−50%에 해당하는 상당한 면적이 점심시간 직장인, 관광객, 주말 및 야간 여가 방문객을 위한 식당과 패스트푸드 점포로 활용된다. 이런 센터들이 성공하기 위해서는 다수의 시장들과 넓은 지역의 이용 인구에게 양호한 접근성을 제공해야 한다. 보통 이런 종류의 소매 센터에는 책, 음악, 미술, 가정용 가구를 파는 작은 부티크와 특산품 가게가 자리하고 있으며 이들은 주로 개인 사업자가 운영한다.

전문품시장은 전형적으로 수변 또는 역사지구와 같은 최고 위치와 특유의 환경의 혜택을 받는다. 보스턴의 패늘 회관(Faneuil Hall)은 고급스러운 물리적 환경에 더해 특산 소매점과 여가를 혼합하여 활기찬 특산물시장을 만들어낸 좋은 사례이다. 이는 또한 적절한 인프라와 주차시설을 갖춘 매력적인 공공 환경을 만드는 데 상당한 공공 투자가 요구된 사례이기도 하다.

혼합 용도 프로젝트 Mixed-use project 혼합 용도 프로젝트는 여러 가지 용도를 복합하여 소매상가를 개발하는 유형이다. 흔히 오피스, 주거, 호텔, 문화 용도를 합쳐서 앵커로 삼거나 문화 용도가 앵커가 되기도 한다. 어떤 경우든 일반적으로 소매상가시설을 건물 1층에 배치한다. 이렇게 하면 소매상가를 지원하는 고정적인 수요를 묶어 하나의 패키지 시장을 만드는 장점이 있고, 총 건축비와 편의시설의 비용을 건물 전체 면적에 할당하므로 경제적이다.

야외시장과 노점상 Outdoor Markets and Street Vendors 거리를 따라 개설된 야외시장과 노점상은 도심을 더욱 흥미롭게 만들어주며 비교적 구매력이 낮은 소비자들을 끌어

▲ 오리건주의 포틀랜드시에 위치한 파이어니어 플레이스(Pioneer Place) 소매상가는 거리의 활동을 촉진하기 위하여 설계되었다. 대규모 소매상가 개발은 점포들이 거리를 등지고 실내를 향해 있어서 실패했다. 전문품시장은 보스턴, 런던과 같은 대규모 지역에서 성공한다.

▼ 보스턴의 퀸시 마켓(Quincy Market)과 런던의 코벤트 가든(Covent Garden)은 퍼브(pub), 레스토랑, 엔터테인먼트와 특산품 소매점 때문에 방문하기에 흥미로운 장소들이다.

 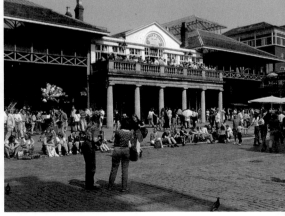

◀ 메릴랜드주의 볼티모어시에 위치한 이너하버
(Inner Harbor) 지역은 혼합 용도 개발의 훌륭한 사례
이다. 수변공간에 활력을 불어넣기 위하여 지역 관광
자원에 소매점, 레스토랑을 통합하여 개발하였다. 이
너하버의 성공적인 개발은 도심에 새로운 오피스, 호
텔, 주거 개발을 촉진하였다.

들일 수 있다. 주차장 같은 빈 공간이나 잘 이용되지 않는 공간을 이용하여 주말에 현지 농산물시장(farmers market)이나 지역공예품시장(artisan market) 또는 이와 관련된 활동을 제공하면 도심으로 방문객을 끌어들일 수 있다.

동네 소매점 Neighborhood Service Retail 동네 소매점은 일반적으로 가까운 거리에 있는 식료품 가게, 잡화점, 델리(delicatessen), 세탁소 및 미용실 등 일상생활을 지원하는 소매점을 말한다. 이런 동네 소매점들은 도심 내 주거 개발을 지원하는 역할을 한다. 고소득층이 사는 곳에는 보다 고급의 전문품시장을 개발하여 전문 소매상가, 식당, 여가 용도를 혼합하여 제공할 수 있다.

소매시장의 평가

소매시장에 대한 잠재 수요는 현지 시장 상황과 지역 상권의 영향을 많이 받는다. 도심의 소매점 재생을 위해서 시장잠재력에 대한 객관적인 분석 자료를 토대로 계획가와 디벨로퍼가 소매점 개발의 종류와 규모를 정하는 데 필요한 정보를 제공한다. 소매점 개발 사업을 위한 시장조사에는 일반적으로 두 가지 종류의 분석이 요구된다.

❖ **경제 분석** 먼저 상권을 계량적이고도 상세하게 정의하고 경제 상황에 대해 개관한다. 이를 토대로 고용 트렌드, 소매업 부문별 전망, 인구증가, 가계 소득, 가처분 소득, 소매업 매출액 등의 항목에 대한 경제분석을 실시한다. 또한 같은 지역상권에 위치한 경쟁 소매 중심지에 대한 평가가 포함되어야 한다. 이러한 정보를 분석하여 전체적인 잠재 소매 매출 가운데 도심이 획득 가능한 비율(capture rate)과 전체 소매 수요를 예상할 수 있다.

❖ **소비시장 분석** 이 분석은 상권 내의 잠재 소비자와 그들의 쇼핑 선호도 및 패턴에 대한 질적 정보를 제공한다. 소비자 분석은 표본 가계를 대상으로 진행한 전화

인터뷰, 임의추출법에 따라 거리에서 실시한 보행자 대상 현지 인터뷰, 소비자로 구성된 소그룹 토론을 통해 태도, 의견 및 소비 습관을 알아보는 소비자 포커스 그룹을 포함한다.

소매시장이 확인되면 다음과 같은 가이드라인에 따라 소매 부문 개발을 위한 프로그램을 수립하고 이를 집행할 수 있다.

❖ 가시성visibility과 접근성accessibility을 극대화한다 소매점의 가시성과 접근성을 최대로 높여야 한다. 이를 위해 도심의 블록 간 보행연결이 연속성을 잃지 않으면서 높은 수준으로 확보되어야 한다.

❖ 문화, 컨퍼런스conference, 호텔, 오피스 기능을 연계하는 가로 레벨의 소매점에 대한 중요성을 인지한다 잠재적인 연계로, 보행자 다수가 활용하는 도로, 블록을 관통하는 연결로를 파악하는 것이 중요하다. 이러한 연결로를 통해 주차 구역으로부터 주요 소매상가 가로로 원활하게 접근할 수 있다.

❖ 혼합 개발 속에서 소매점의 역할을 극대화한다 혼합 용도 개발에서 소매 용도는 오피스와 주거 용도로부터 고객을 확보할 수 있으며, 가로 전면을 활기차게 만들고 주요 보행로를 연결시켜준다.

공공 부문의 참여와 재정지원이 필요한 부분을 파악한다. 도심에서 소매점을 활성화하기 위한 공공의 지원은 여러 가지 형태를 취할 수 있다. 시장잠재력을 시험하고 개발 구상(concept)을 준비하는 데 필요한 비용을 제공할 수도 있고, 토지취합과 감정평가를 지원할 수도 있으며, 또는 주차건물을 건설하고 공공 환경을 개선하는 등 여러 가지가 있다.

▲ 전 세계의 크고 작은 도시들은 공공 공간을 야외시장과 노점상들로 활성화해야 할 필요성을 발견했다. 독일 뮌헨시의 시장은 전국에서 사람들을 끌어들인다.

❖ 식음료 판매시설을 강조한다 도심에서 먹고 마시는 기능은 매우 중요하다. 식당과 바(bar)는 주간과 야간 활동의 중심이 된다.

❖ 소도시에서는 소매상가를 한 곳에 집중시킨다 그렇게 함으로써 작은 규모의 도시임에도 또 다른 소매상가와 서로 경쟁하는 것을 막을 수 있다. 또한 소매상가를 한 곳에 집중시킴으로써 활력 있는 도심 조성에 필요한 활동의 절대규모(critical mass)를 확보할 수 있고, 이는 도심부 소매 부문의 흡입력을 강화한다.

❖ 현지 정체성이 뚜렷하게 나타는 흥미로운 공공 공간을 개발하여 보행 활동을 장려한다 도심 소매상가의 활성화는 공공 영역을 개선하는 한편, 순환체계, 대중교통, 주차를 효과적으로 관리함으로써 촉진시킬 수 있다.

▲ 6미터 내지 9미터 보도를 잘 조성함으로써 상점주와 상가 임대인들이 상점 전면을 잘 꾸미도록 유도하여 활기찬 거리를 만든 사례를 보여준다. 시카고시의 노스미시건대로에 있는 야외 카페(위)와 포틀랜드시의 동네 상점은 넓은 보행도로(아래)가 공공시설 공간 확보로 이어지는 사례이다.

❖ 기존의 상점들을 새로운 상점과의 경쟁으로부터 보호한다 소매상가 간 경쟁을 완화할 수 있는 방법으로는 새로 입점하는 상점과 기존의 상점들 사이를 연결해 주거나 기존 상인이 새로운 소매상가에 들어와서 제품 구색을 보완해주고 전체적으로 소매상가 유지에 필요한 절대규모(critical mass)가 형성되도록 돕게 한다.

❖ 판촉, 마케팅, 홍보에 대한 종합적인 접근 방식을 개발한다 입점상가의 혼합은 편의품, 서비스, 음식점, 전문상점 위주의 전통적 혼합방식과 다르게 재구성될 수 있다. 소매상가의 매장 배치도 기존의 방식을 탈피하여 현대적인 판촉에 더 적합하게 재설정될 수 있다.

▼ 많은 도시에서 공원과 광장에 야외 식사공간이 마련된다. 덴버시의 16번가 일부분은 길옆 레스토랑의 손님들이 식사할 수 있는 공간으로 이용된다.

주거 Housing

주거 기능은 도심의 활력에 큰 영향을 미친다. 왜냐하면 거주자들은 도심 활동을 늘릴 뿐 아니라 다양한 용도에 대한 시장을 형성하며, 공공 서비스와 인프라의 질을 높이도록 압력을 행사하는 집단을 형성하기 때문이다. 도심에서 이용할 수 있는 주거는 늘어나고 있다. 이러한 도심 주거의 확장은 다음과 같은 요인에 따른 것이다.

❖ 도심의 인구 변화. 즉, 젊은 전문직(young professional)과 자식의 출가 후 부모들로 구성된 가정(empty nesters)의 증가
❖ 도시적 생활양식(urban lifestyle)과 도심의 역사적 건축에 대한 관심이 다시 높아졌고, 이와 맞물려 창고나 오래된 건물을 개조한 창의적이고 적절한 가격의 주거가 공급되어 도심에서 살 수 있는 기회가 증가
❖ 증가하는 사무직 종사자
❖ 도심에 집중되어 있는 문화 여가 활동
❖ 직장과 다양한 도심 활동에 대한 용이한 접근성
❖ 역방향 통근(reverse commuting: 교외–도심의 역방향)의 장점

도심 주택에 대한 수요는 급증하지만 새로운 도심 주택 개발에는 다음과 같은 장애물과 억제 요소들이 존재한다.

❖ 필지 조성의 어려움
❖ 상대적으로 높은 지가
❖ 주택 개발을 위한 공공 보조자금에 대한 의존성
❖ 개척 단계에서 특히 높은 시장 리스크
❖ 범죄에 대한 부정적인 시각, 교통 혼잡, 주차 문제

❖ 도심에 거주하는 저소득층의 배제 가능성

❖ 시대에 뒤떨어진 소방, 안전, 지역제 건축법규

❖ 소음, 쓰레기, 생활의 질 문제

　도심을 활기차고 살기 좋은 장소로 만들기 위해 여러 시도가 동시에 이루어져야 한다. 초기 주택 개발은 도시 중심이나 도심 활동이 활발하게 일어나는 지역에 근접하여 집중시켜야 한다. 사업을 여러 곳에 분산시키면 주거지 분위기가 느껴지지 않기 때문에 효과적이지 못하다.

　공공 부문은 도심주택 개발에 앞장서야 한다. 도심에서 오피스 시장이 주거시장을 누르고 강세를 보일 경우에는 주거를 포함하는 혼합 용도 개발을 유도하기 위해서 경제적 혜택을 주거나 이를 의무화하는 용도지역제(zoning)를 도입할 수 있다. 이렇게

▼　캐나다 밴쿠버시 그랜빌 아일랜드(Granville Island)에 위치한 정박지(marina)와 수변시설들은 주거지 개발을 위한 이상적인 배경을 마련해준다. 공원과 녹지체계는 사람들이 걸어서 섬에 있는 역사적인 시장에 접근할 수 있게 허용한다. 도심 주거지 개발자들은 공공시설과 상업 서비스 근처에 프로젝트를 설계하고 건설하는 것을 선호한다.

주택과 다른 용도를 혼합하면 전체 프로젝트의 사업타당성과 현금 유동성을 높일 수 있다. 공공이 채택할 수 있는 전략으로는 토지규합(land assembly) 및 감가상각(write-down) 지원, 세수증가 재정기법(revenue bond financing) 적용, 저금리의 대출지원, 과세 경감(tax abatement), 미개발지 정리(brownfield mitigation), 가로경관·공원·주차장·인프라의 개선 등이 있다. 도심 주거를 장려하고 오래된 상업건물을 주거시설로 개조할 수 있도록 용도지역제와 건축법규 수정이 필요한지 자주 점검할 필요가 있다.

다음과 같은 가이드라인은 도심 주거지를 만드는 데 도움을 줄 수 있다:

❖ 에너지와 자원을 한 번에 한 지역에 집중한다 도심 주거를 살리기 위해서는 이미 시장성 있는 자산(marketable asset)이 있는 지역에 먼저 집중하는 것이 좋다. 이미 훌륭한 도심 주거지로 자리 잡은 지역이나 독특한 건축물 또는 장소적 특성과 스케일이 있는 곳이 이런 지역에 해당한다.

▼ 도심지역에서는 작은 중정형 오픈 스페이스가 중요한 어메니티이다. 규모가 큰 녹지공간도 동적·정적 여가 활동을 위해 제공되어야 한다. 시카고시(왼쪽)와 샌프란시스코시(오른쪽)는 잘 설계된 고밀도 주거가 도심 구조에 잘 어울릴 수 있다는 우수한 개발사례를 보여준다.

❖ 장소의 매력도를 증가시키는 수변공간, 공원, 또는 다른 도시 어메니티시설을 적극 활용한다 이런 어메니티 시설이 존재하지 않을 경우 공원이나 광장 등과 같은 독특한 자산을 창출하는 것도 가능하다.

❖ 주거의 전면이 거리를 향하는 설계안을 장려한다 주거의 전면이 가로를 향하는 설계를 권장하는 한편, 건물 전면과 내부에 거주자를 위한 안전한 공간을 배치하도록 유도한다.

❖ 다양한 주택 유형과 가격 폭을 장려한다 주택가격에 있어 일반 주택의 시장가격과 공공보조 주택의 가격이 균형을 이루고, 양적으로는 임대주택과 소유주택이 균형을 이루며, 건물 유형에 있어서는 고층·중층·저층 주택 간의 균형을 유지하도록 한다. 주택의 상당 부분을 주택수요의 가장 큰 비중을 차지하는 중산층 가정에 할당한다.

❖ 주택소유자들이 동네를 개선하도록 장려하는 개발 가이드라인을 수립한다 개조 및 신축을 위한 건축 규제는 지역의 건축적 특성을 보호하며 주택의 가치를 높인다. 오래되고 규모가 있는 건축물을 전문직 오피스, 식당, 부티크, 1인 또는 다세대 주택으로 개조할 수 있도록 장려하면 도시 조직을 살리면서 경제적으로 건강한 동네를 만들 수 있다.

문화와 엔터테인먼트 시설 Cultural and Entertainment Facilities

문화와 엔터테인먼트 시설은 도심을 여가 및 방문 목적지로 자리 잡도록 하며, 도시의 이미지와 삶의 질을 높이는 데 도움이 된다. 방문객을 끌어들이는 이러한 문화 및 엔터테인먼트 시설로는 근대건축물을 활용하는 극장, 공연예술 센터, 스포츠 경기장, 스튜디오 및 갤러리, 역사·미술·과학 박물관, 야외 엔터테인먼트 공간 등이 있다. 이런 시설들은 비즈니스 및 컨벤션 시장을 창출하고 레저 활동을 증진한다. 특별 이벤트와 각종 행사는 도심 이용자 수를 늘리고 소비지출도 증가시킬 뿐만 아니라 살기

▲ 오하이오주의 클리블랜드시 웨어하우스 지구(Warehouse District)에 위치한 역사적인 건물들은 주거 또는 상가용으로 개조되어 3,000명에게 주택을 제공하였다. 거리 상점과 레스토랑들로 인하여 도심 전반이 활성화되었다.

▼ 알렉산드리아시와 같은 역사적인 소도시는 건축 가이드라인을 수립하여 보존을 추진하였는데 결과적으로 기존 주거지의 부동산 가치를 높였다. 저밀도 채우기 개발(infill development)을 통한 연립주택 건설은 주변 상업지구에 대한 민간 투자를 촉진할 수 있었다.

▲ 문화 · 엔터테인먼트 시설은 흔히 잘 보존된 역사지구(historic district)에서 번성한다. 워싱턴주의 시애틀시에 위치한 역사적인 파이어니어 광장(Pioneer Square)은 미술관, 골동품 상점, 박물관, 레스토랑을 위한 이상적인 배경을 제공한다.

▼ 워싱턴주 타코마시에 위치한 새로운 도심 공원은 복원된 시민극장을 위한 야외 활동 공간을 제공하기 위해 설계되고 개발되었다. 문화 · 엔터테인먼트 지구가 성공하기 위해서는 사려 깊게 설계되고 계획된 커뮤니티 행사 공간이 필요하다.

좋고 일하기 좋은 환경으로 도심의 매력도를 높인다.

개발 잠재력을 충분히 발휘하기 위해 문화 및 엔터테인먼트 시설은 도심의 조직에 유기적으로 통합되어야 된다. 공공 부문은 문화지구를 설정하고 관리기본계획(conceptual development plan)을 수립하여 개발의 밀도, 용도 혼합과 배치를 적절히 유도하는 것이 좋다. 이 계획은 개발 기회를 확인하고 성공적인 개발을 유도하는 규범을 제시하며, 중요한 건축물이나 구조물에 대해서는 보존 방안이나 리모델링을 위한 가이드라인을 제시하도록 한다.

호텔 및 회의 · 컨벤션 센터 Hotel and Conference/Convention Centers

호텔 및 회의 · 컨벤션 시설은 방문객에게 숙박을 가능하게 하는 한편 지역주민에게도 다양한 기회를 제공한다. 불행히도 호텔과 모텔은 도시의 변두리, 고속도로를 따라서 그리고 공항 주변으로 많이 분산되어 있다. 대형 호텔을 도심으로 다시 끌어들이기 위해 어떤 도시들은 토지 개발 보조금을 제공하고 주요 호텔운영자 유치를 위해 인센티브 패키지를 조성하는 노력을 보였다.

지난 30년 동안 컨벤션 센터는 많아지고 인기가 높아졌지만 소도시들에게 이는 가장 어려운 개발 유형이었다. 컨벤션 센터는 관광 비즈니스 발전과 더불어 호텔, 상업 활동 등을 지원함으로써 시너지 효과를 일으키는 촉매로 인식되지만, 인근 호텔에서 컨벤션 참가자 및 대표단을 수용할 공간을 확보할 수 없는 경우도 발생한다. 더욱이 호텔과 달리 컨벤션 센터는 공휴일이나 계절에 따른 이용량 변동, 행사 준비 등으로 일정 기간 개장할 수 없다는 특성도 있다.

좋은 위치에 매력 있게 지어지고 충분한 숙박시설을 갖추고 있을 때, 컨벤션 센터는 도시의 활성화에 중요한 자극제가 될 수 있다. 컨벤션 센터는 회의공간과 함께 인근에 근접한 숙박시설과 폭넓은 지원시설을 제공해야 한다. 지원시설에는 식당, 쇼핑시설, 컴퓨터 및 비즈니스 서비스, 체력단련시설과 여가시설 등이 포함된다.

▲ 호텔과 컨벤션 센터는 주요한 공공 어메니티 시설 옆에 위치한다. 캘리포니아주 샌디에이고시 수변은 컨벤션 센터와 주변 호텔을 위한 이상적인 배경을 제공한다.

◄ 포틀랜드시 강변 공원과 산책로는 호텔 손님들의 야외 활동 공간으로 활용된다.

▲ 많은 호텔들은 그 지역에서 필요로 하는 회의·컨벤션 공간을 제공한다. 독일 퀼른시의 도심 호텔은 높은 수준의 실내와 야외 공간을 조성하여 자체의 컨벤션 시설을 성공시키는 데 크게 기여했다.

▼ 소도시의 경우 지역 용도로 쓰는 다목적 시설을 활용하여 컨벤션 행사를 유치하기도 한다. 독일 바덴바덴시에서 공원과 오픈 스페이스를 이러한 다목적 시설과 잘 조화시킨 사례를 볼 수 있다.

컨벤션 센터 (또는 컨퍼런스 센터) 개발을 고려할 때는 장래의 컨벤션 시장과 프로젝트의 실현 가능성을 조심스럽게 살펴야 한다. 반드시 새로운 개발을 해야 하는 것은 아니다. 기존 호텔을 증축하여 컨벤션 시설을 추가하는 방법도 있고, 새로운 호텔을 개발할 때 잠재수요에 맞는 적절한 규모의 컨벤션 공간을 자체 서비스에 포함하는 방안도 있다.

04

장소의 중요성

The way we build cities, the way we mak
places, can have a profound effect on wh.
kinds of lives are lived within those space

—*William H. Whyt*

우리가 도시를 어떻게 건설하는지에 따라, 또는 우리가 장소
어떻게 만드는지에 따라, 그 공간 속에서 영위되는 우리의
은 깊은 영향을 받을 수 있다.

– 윌리엄 H. 화이

장소의 중요성

Importance of Place

가로, 보행로, 건물, 오픈 스페이스는 도심의 도시설계 구조를 결정하고 도심의 이미지를 독특한 장소로 각인시킨다. 가로등, 포장, 식재, 표지판과 같은 디자인 요소들은 이들 기본 구조를 보완하고 도심환경의 질을 높이는 데 기여한다. 이런 다양한 요소들의 전반적인 형태와 보이는 모습, 그리고 그것들의 배열은 도심 이미지를 통합하고, 생동감을 주며, 사람이 활동하는 데 편안하고 매력적인 환경이 되도록 조성되어야 한다.

시장과 장소와의 관계

도심이 가지고 있는 특성은 시장에서 성공 요인으로 작용한다. 도심설계는 보행을 장려하고 도심의 다양한 활동을 수용하며 사람들의 사회 교류를 촉진해야 한다. 도심환경이 사람 중심으로 조성될수록 새로운 개발과 투자에 매력적으로 작용한다. 도심의 공간과 활동이 얼마나 수월하게 일체를 이루는지가 사람들이 방문하고 쇼핑하고 도심에서 근무하고 다시 찾아올 가능성을 결정짓는다.

도심의 물리적 환경은 사람들을 반기며 그들이 더 많은 경험을 할 수 있게 해야한다. 그렇게 한다면 다양한 용도의 개발시장을 형성시킬 것이고, 이는 도심의 경제적 기능과 중추관리 기능(institutional function)을 더욱 확장시키는 데 기여할 것이다.

▲ 오리건주 포틀랜드시의 공공 영역은 보행을 장려하고 다양한 도심 활동과 사람들의 사회교류를 촉진하기 위해 설계되었다. 거리 개량은 도시와 지역의 경제적 발전을 위한 긍정적인 환경을 창출하였다.

▼ 포틀랜드시의 파이어니어 법원 청사 광장(Pioneer Courthouse Square)은 지역의 소매업 개발에 주요 촉매로 작용했다. 광장은 야외 활동과 행사를 위한 특별한 공공 공간이다.

▲ 포틀랜드시에서는 강변 고속도로를 철거함에 따라 강변 산책로와 공원을 조성할 수 있는 땅이 확보되었다. 이와 함께 리버 플레이스(River Place) 주거지 개발이 가능해졌고 강변을 따라 편의점들도 들어섰다.

▼ 포틀랜드시의 가로경관 개선사업은 도심상가 고객에게 시각적인 연속성과 물리적인 편안함을 제공했다. 또한 조각품, 예술품, 계절 식재를 이용하여 가로 환경에 색채와 활력을 더하였다.

촉매제로서의 장소

공공 영역 개선은 도심에 대한 사람들의 인식과 태도를 극적으로 바꿔놓는다. 물리적 환경이 도심의 경제적 건전성과 재생의 진행을 나타내기 때문에, 물리적 환경의 개선은 잠재 고객과 신규 거주인구를 끌어들이고, 새로운 투자 기회를 만들어 낼 수 있다. 개선된 가로경관, 향상된 자동차와 대중교통 접근성, 편리한 주차시설, 집결지로서 어메니티를 제공하는 공공 프라자 등은 도심에 민간 투자를 유치하는 데 기여한다.

각 도시는 도심지에 대해 각별한 관심과 노력을 기울이고 있다는 점을 보여주어야 한다. 즉, 비용을 들여 공공 영역을 개선하는 것은 민간 투자를 보호하고 장려하기 위한 것이며, 창의적인 개발을 촉진시키려는 의지를 반영한다. 그러한 개선은 개발비와 수익성 간의 격차를 좁혀 개인 투자를 이끌어내는 지렛대로 사용하는 효과를 준다.

시장 활성화 촉진제로서의 장소

상호보완적인 활동들이 모여 도심활성화에 필요한 절대규모(critical mass)의 활동인구를 확보하기 위해서는 압축적인 개발(compact development)이 필요하며, 이를 지원하기 위해서는 보행, 대중교통, 주차 시스템이 종합적으로 계획되어야 한다. 이런 기능적 통합은 도심의 혼합 용도 간의 시장 시너지(market synergy)를 촉진한다.

수준 높은 보행자 환경은 여가 활동을 위한 좋은 토대가 되며, 주거, 소매상가, 엔터테인먼트와 같이 도심에 바람직한 기능들의 개발을 촉진한다. 제대로 설계된 도심의 거리, 공공장소 및 건물들은 보행 이용을 증가시킬 수 있고, 소매상가 성공에 필요한 활기찬 가로 활동을 높이는 데 도움을 준다. 도심 속을 걸어서 이동하도록 장려하는 도시계획과 설계는 소매와 여가 용도의 상가들이 지역주민, 도심 근무자 및 방문자로부터 영업이익을 올릴 수 있는 기회를 준다.

이러한 보행자 고객 유치는 앵커 용도 사이를 분명하게 연결하고 가로경관을 시각적 연속성과 물리적 쾌적성을 가지도록 조성하며, 가로 레벨에서 흥미를 유발하면서

도 휴먼스케일을 유지하고, 다양한 특별 이벤트를 제공할 때 달성될 수 있다.

지속적인 힘으로 작용하는 장소

도심이 민간 투자에 경쟁력 있는 장소로 남기 위해 새로운 개발 프로젝트는 공공 영역의 전반적인 수준(quality)을 높이도록 주의 깊게 계획되고 설계되어야 한다. 새로운 개발이 기존의 자산 또는 공공 부문 개선을 보완하는 데 실패하거나 방해를 할 경우, 새로운 민간 투자를 유치하거나 도심 활동 영역을 넓힐 수 있는 성공 확률은 제한되거나 투자가 오래 지속되지 않을 수 있다.

불행히도 많은 재생 프로그램은 민간 투자를 촉진하는 전략에 초점을 맞추는 데 급급하여 새로운 투자에 가장 적합한 위치나 도심을 특별하게 만드는 도심의 특성 활성화에 중점을 두지 않는다. 질은 양만큼 중요하다. 신규 건설의 면적이 건설비 규모로 도심 경제의 건강을 측정할 수 있지만, 숫자에 집중하느라 성공적이고 장기적인 재생에 필요한 요소에 대한 이해를 왜곡시킬 수 있다.

도심에 대한 공공 및 민간 투자의 진정한 가치는 새로운 민간 개발이 얼마나 잘 수행되고 그것이 공공 영역의 질을 높이는 데 얼마나 기여했는지에 달렸다. 건설에 투자된 자금이 도심의 물리적 구조, 시각적 매력, 정체성, 보행환경의 질에 기여하지 못할 경우 이런 투자는 지속가능한 경제적 재생의 기반을 구축하지 못할 것이다.

통합된 접근: 협력 및 파트너십

도심 환경의 응집력(coherence) 확보, 활력(vitality)과 편안함(comfort) 증진, 편리성(convenience) 향상과 독특한 이미지(distinctive image) 형성을 위해서 도심의 물리적 특성을 만들어가는 결정은 조심스럽게 조율해야 한다. 이를 위해서는 장기적으로 개별적인 목적에 따른 분리된 결정을 조정할 명확한 전략을 가져야 한다.

다수의 개인 지주들이 신규개발을 할 것인지 아니면 기존의 건물을 유지 또는 재사

▲ 포틀랜드시는 1970년대부터 도심 공원과 공원가로(parkway) 계획을 세우고 이 계획에 따라 민간 투자를 유도해왔다.

▲ 뉴욕시 도심 내 6에이커에 달하는 브라이언트 공원(Bryant Park)은 주변의 지주들이 운영과 관리를 책임지고 있다.

▼ 브라이언트 공원 안의 밀집된 차광 나무들은 중심 잔디밭을 둘러싸고 있으며 나무 아래 그늘은 이상적인 앉을 장소를 제공한다. 잔디밭 주변을 두르는 자갈길에는 이용이 가능한 의자가 있어 햇볕을 쬐면서 앉을 수 있는 선택의 여지를 준다.

▲ 브라이언트 공원(Bryant Park)은 기존의 자산을 토대로 성공적인 재생을 이루어낸 우수한 사례이다. 움직일 수 있는 개인의 자는 분수광장에서 특별행사가 열릴 때 쉽게 다시 배치할 수 있다.

용할 것인지를 결정함에 따라 도심의 성격이 달라진다. 또한 역으로 형성된 도심 전체의 성격에 따라 개인 지주들의 개발 결정이 영향을 받는다. 따라서 성공적인 도심을 만들기 위해서는 개인 지주와 공공 부문은 협력해야 한다.

공공과 민간 부문은 도심의 물리적 환경에 대한 명확한 비전을 가지고 있어야 한다. 이런 비전은 기존 자산(asset)에 대한 명확한 이해, 행동 우선순위에 대한 정의 및 합의, 그리고 유사한 상황의 다른 도시의 노력에 대한 학습을 통해 만들어져야 한다. 공공 이익을 위한 물리적 환경 개선은 세수 기반을 넓히고 경제적 안정성을 높이며 시민의 자부심을 키워준다. 따라서 이런 개선에 대한 투자는 공공 부문의 몫이다. 그러나 보다 확실하게 개선이 이루어지기 위해서는 지역사회와 개인 투자자들이 참여하여 공공과 목적을 공유하는 것이 중요하다. 투자의 장기적인 가치를 극대화하는 도시설계 목표를 공유하고, 이 목표가 민간의 개별적인 의사결정과정에서 구현되도록 하는 것이다.

목적을 규정하기 위한 틀

효과를 거둘 수 있는 비전을 규정하기 위해서는 두 가지 기초적인 전제가 중요하다.

❖ 기존에 가지고 있는 자산을 토대로 구축하라 재생 프로그램은 도심이 가지고 있는 기존의 물리적 자산과 특별한 시각적인 특성을 토대로 구축될 때 가장 효과적이다. 각 도심은 고유한 기반을 발전의 토대로 갖고 있다. 이러한 도심의 특성을 참고하여 도심 재생의 접근 방식을 결정하도록 한다. 즉, 각 도심의 특성에 따라 도심이 장소로서 어느 정도의 수준에 있는지, 다양한 용도의 시장으로서 어느 정도 활력을 가지는지를 파악하고 그것들을 강화하는 데 어떤 접근 방식이 적절한지 판단하도록 한다.

❖ 보행자를 배려하라 도심부 도시설계에는 보행자 체험의 질적 수준이 주 관심사여야 한다. 도심 환경을 인간 중심으로 만들어서 걸으면서 즐겁고, 다양하고, 재미있는 경험을 하게 하는 것이 가장 우선시되어야 한다. 다양한 방법의 물 활용, 조각, 카페, 거리 퍼포먼스 등은 보행 경험을 향상시킬 수 있다.

지역 자산을 토대로 구축

지리적 배경, 역사적 개발 패턴, 핵심 랜드마크, 건축 유산은 도심을 독특하게 만들며 지역의 독특한 정체성을 구축하는 기회로 작용한다. 각 커뮤니티는 이런 자산들이 미래 성장과 변화, 계획, 설계 및 조율의 기반임을 인지해야 한다.

기존 자산을 발전 토대로 구축하는 것의 중요성에도 불구하고 이전에는 더 큰 건물을 짓고 효율적인 동선을 구축하는 것이 좋다고 믿고 역사적인 조직을 지워버렸다.

▲ 보스턴시 코플리 광장(Copley Square)에 있는 분수대는 사람들이 편안하게 공원 환경을 즐길 수 있는 장소로 제공되었다. 코플리 광장의 재설계와 재건설은 역사적인 백베이(Back Bay) 지역의 경제 재생에 기여하였다.

▼ 코플리 광장의 중앙 공원은 넓고 개방된 공간을 제공하며 야외 공연과 축제의 장소로 유명하다. 벽돌로 포장된 넓은 산책로는 공예품과 농산물의 전시와 판매 공간을 제공한다. 원래 중앙공간은 도로와 주변 산책로보다 낮게 위치하였다.

이런 시행착오를 통하여 세 가지 주요한 교훈을 얻게 되었다.

첫째, 새로운 대형 재개발 프로젝트를 위해 기존 도시조직을 백지화하는 것은 수용할 수 없을 정도로 높은 인간적, 재정적 비용을 지불하게 한다.

둘째, 자동차 사용을 전제로 한 도시외곽 개발 모델은 도심의 보행 환경을 파괴할 수 있다.

셋째, 도심의 전통적인 패턴과 개발의 스케일, 건축과 역사는 사람들에게 가치와 의미를 부여한다.

보행자 체험의 질

도심이 하나의 시장(market)으로서 경제적으로 성공하기 위해서는 사람을 위한 장소 (place of people)로서도 성공적이어야 한다. 흥미로운 스카이라인, 편리한 차량과 대중교통 접근성, 편리한 주차가 모두 중요하지만, 도심을 하나의 장소로서 성공하게 하는 것은 도심이 제공하는 보행자 체험의 질이다. 물론 도심지역은 쇼핑, 직장, 주거 및 여가 활동 간에 쉽고, 편리하고, 연속적인 보행 접근을 제공해야 한다. 동시에 높은 수준의 어메니티가 제공되고, 삶의 질, 휴먼 스케일, 물리적·심리적인 편안함과 안전함에 대한 배려가 물리적으로 나타나야 한다.

도심의 설계는 거리와 여러 공공 공간에서의 활동을 장려함으로써 사람들에게 사회적 교류를 늘리고 도시의 삶을 관찰할 수 있는 기회를 제공하여야 한다. 도심은 선택, 놀라움 그리고 모험의 기회를 제공해야 한다. 도심의 물리적인 구조는 처음 방문한 이용자가 방향을 잃지 않도록 만들어져야 하며, 이는 지역 주민, 도심 직장인, 쇼핑하는 사람들, 특정 서비스 이용자 같은 일상 이용자에게도 도움이 된다. 방문할 때마다 흥미를 유지할 수 있도록 시각적 특성도 충분히 역동적이어야 한다.

전통적으로 시장 기능을 수행하던 도심의 개발 패턴과 스케일을 일부분이라도 유지한 도시들은 만족스러운 보행자 경험을 제공할 수 있다. 이런 남아 있는 전통 도시조직을 다시 살리고 강화하는 것은 도심이 다양한 종류의 경제적 기능을 유치하기 위

▲ 보행 체험의 질은 좋은 날씨에 공원과 광장을 이용하는 사람들의 수를 기반으로 측정할 수 있다. 캐나다 토론토시의 토론토 도미니언 센터 광장은 많은 사람들에게 매력적이다. 이는 앉을 자리가 있는 포장된 공간이 옆의 잔디밭 공간으로 인해 더 매력이 높아졌기 때문이다. 잔디는 도심공간에 풍요로움, 색채, 질감을 더해준다.

▼ 보스턴시의 백베이 지역의 거리에서 볼 수 있는 7.5-9m 건물 후퇴공간과 넓은 보도는 야외 카페, 특색 있는 상점 전면 설계 와 독특한 표지판을 위한 공간을 만들어준다.

▲ 공원, 광장, 산책로와 같은 보행 중심 공간의 설계와 개발은 더 나은 환경을 조성하는 데 필요하다. 메릴랜드주 볼티모어시와 같은 도시들은 상당 규모의 토지를 보행자 도로, 동적·정적인 여가, 그리고 이와 관련된 용도의 공공 공간으로 활용하였다.

▼ 횡단보도는 넓은 간선로를 건너 중요한 도심 생활편의시설에 도달하도록 설계되어야 한다. 볼티모어시는 사람들이 교통량이 많은 간선도로를 안전하게 건널 수 있도록 넓은 횡단보도를 설치하여 수변 접근성을 확보하였다.

한 경쟁력 있는 장소가 되게 한다. 역사적인 도심 구조의 전통적 특성에 주목하면서도, 동시에 차량과 보행자 간의 적절한 균형, 고층건물과 거리 간의 적절한 관계 설정, 높은 수준의 보행자 편의를 이루어낼 수 있다.

보행자와 차량 요구사항 간의 조율　도심이 시장(market)으로서 성공하기 위해서는 차량 접근과 주차가 매우 중요하다. 그럼에도 불구하고 개별적인 개발에 효율적인 교통 흐름과 저렴한 주차에 더 높은 우선순위를 부여하는 계획접근은 보행환경의 질을 떨어뜨리게 될 것이다. 도시 중심부의 거리는 보행자를 염두에 두고 설계되어야 하며, 핵심 소매상가 거리에서는 보행자가 가장 우선시되어야 한다. 차량 교통과 노상 주차를 외면하지 않아야겠지만 차량과 주차는 가로의 인간적 스케일을 제압하지 않도록 조심스럽게 처리되어야 한다. 주차장, 대규모 주차건물 또는 과도하게 넓은 가로로 인해 활동 앵커들 간 공백과 장애물이 생기지 않도록 하고, 보행자에게 위험하고 불쾌한 환경이 형성되는 것을 피해야 한다.

대형 스케일 개발　거의 모든 도시가 도심에 고층건물과 거대한 구조물을 수용할 것인지 또는 수용한다면 어떻게 수용할 것인지에 대해 결정해야 한다. 이런 대형 고층건물들은 도시경관에 새로운 랜드마크가 될 수 있지만 교통과 주차 문제를 일으킬 수도 있다. 이런 구조물의 스케일을 주변과 조화되도록 세심하게 변화시키면 저층이면서 좁은 전면을 가진 건축물로 이루어진 기존 환경에 적응시킬 수 있다. 더욱 중요한 것은 보행자 체험을 고려하여 이런 대형 스케일 개발의 지상 레벨에서 거리와 긍정적인 관계를 유지시키는 것이다. 창문이나 입구가 없는 맹벽(blank wall), 차량주차, 환기구 및 짐 싣는 곳이 노출되는 것은 피하도록 한다.

보행 편의 Amenities　교외 쇼핑몰은 높은 수준의 보행 편의를 제공하는데, 그것의 인테리어 디자인은 보행자가 기대하는 질, 편안함, 그리고 편리성을 잘 충족시켜준다는

▲ 볼티모어 이너하버(Inner Harbor) 북측 지역은 항구 주변 공공 영역에 악영향을 미치지 않게 고층 개발을 잘 수용하였다. 수변지역에 단 한 개의 오피스 건물만 허용되었다. 동시에 소매점과 식당가(pavilion), 국립수족관, 메릴랜드주 과학관은 경관 회랑을 유지할 수 있도록 저층으로 설계되었다.

▼ 이너하버 주변의 산책로는 보행자들에게 사람들을 만날 수 있고 지역 활동에 참여할 수 있는 장소를 제공한다. 공원과 오픈 스페이스 옆 산책로에서는 북쪽으로 도시의 스카이라인 그리고 남쪽으로 역사적 경관이 보인다.

▲ 뉴욕시 록펠러 센터(Rockefeller Center) 광장은 활동, 색채, 사람들의 교류와 흥분으로 가득하다. 이러한 특성이 이 광장을 사람들이 언제나 즐겁게 찾아오는 장소로 만들었다. 이런 에너지와 활력은 맨해튼(Manhattan) 중앙에 위치한 여러 블록의 상점, 오피스와 엔터테인먼트 지구로 넘쳐 나간다.

◀ 록펠러 센터 광장의 야외 아이스링크는 맨해튼 중심부라는 위치와 겨울바람을 피할 수 있다는 장점 때문에 인기가 높다. 아이스 링크와 같은 층에 있는 레스토랑과 푸드코트는 이곳의 특별한 분위기와 활동에 기여한다.

점에서 배울 점이 있다. 전체적으로 높은 품질의 재료를 사용하고, 초점이 되는 장소(focal point)를 제공하며, 사람들이 모이는 곳에는 앉을 자리를 충분히 배치하고, 일관되게 높은 수준으로 유지·관리를 수행한다는 점이 그것이다.

한편 도심은 특유의 자산을 가지고 있으며, 이들 자산으로 인해 쇼핑몰에서는 절대로 재현될 수 없는 독특한 분위기와 체험을 살려나갈 수 있다. 도심은 그 도시지역의 모든 사회적, 경제적 힘이 합류하는 지점이 되도록 한다. 공공과 민간이 책임을 다하면 도심은 서로 다른 가치관과 생각이 만나고 주민들과 방문객들이 서로 어울리는 곳이 될 수 있다. 그러므로 도심 환경은 이질적일 수 있으며, 활동, 사람, 생활양식의 다양성을 그 특징으로 한다.

도시 외곽 쇼핑몰이 인위적으로 통제되고 정의된 환경인 것에 비하면, 도심은 언제나 풍부한 사회적, 문화적 내용을 담고 있고, 소비자에게 더 폭넓은 선택 기회를 제공하며, 중단없이 역동적인 특성을 유지한다는 점에서 크게 차별화된다.

훌륭한 장소들과 고품질의 공공 영역을 자랑하는 도시들은 매년 수많은 방문자와 관광객을 끌어들인다. 런던, 파리, 로마, 베네치아, 뉴욕, 워싱턴, 시카고 같은 도시는 사람들이 방문하면서 즐거워할 수 있는 장소와 공간들을 제공한다. 높은 수준으로 조성된 공공 영역이 만들어내는 생동감과 활력은 모든 도심의 발전 및 지속 가능성의 필수적인 요소이다.

05

장소 만들기의 **원칙**

위대한 문명의 척도는 도시에 있으며 한 도시의 위대함의 척도는 공공 공간, 공원과 광장에서 찾을 수 있다.

— 존 러스킨

The measure of any great civilization is in its cities, and the measure of a city's greatness is to be found in the quality of its public spaces, its parks and squares.

—John Ruskin

05

장소 만들기의 원칙

Place Principles

도심을 성공적인 장소로 만들기 위한 일곱 가지 일반적인 원칙들이 있다. 이 원칙들은 도심을 사람을 위한 고품질 장소로 만들기위해 도심의 형태와 성격을 만들어가는 제반 의사결정을 인도해야 하며 기존 도심의 자산을 평가하는 기초로 사용되어야 한다. 원칙들은 다음과 같다.

❖ 체계화된 구조 만들기
❖ 독특한 정체성 조성
❖ 다양성과 흥미의 확대
❖ 시각적, 기능적 연속성 확보
❖ 편리 극대화
❖ 편안함 제공
❖ 고품질 강조

원칙 1: 체계화된 구조 만들기

도심 안의 개발 패턴이 명료하고 단순하면 주민이나 방문객이 도심지역이 어떻게 조

◀ 런던시의 레스터 광장 (Leicester Square, London)

직되었는지 쉽게 이해하고, 길을 잃지 않고 찾아다니는 것을 가능하게 한다. 이런 체계적인 구조는 도시 중심부의 정체성과 특별한 장소성을 구축하는 데 필수적이다.

쉽게 이해할 수 있는 개발 구조는 사람들이 도시에서 중심지의 위치를 정확하게 파악하고 활동할 수 있게 해준다. 이용자가 길을 쉽게 찾을 수 있는 도심에서는 물리적·심리적으로 접근성이 향상되며 정서적으로 안전감, 웰빙과 자신감을 동시에 높인다.

케빈 린치(Kevin Lynch)의 연구(도시의 이미지, The Image of the City, 1960)는 도시설계에 대한 효과적인 의사결정에 필요한 실증적인 기반을 제공한다. 사람들이 어떻게 도시 환경을 읽고, 어떻게 부분 환경에 대한 인식을 응집력 있는 전체 패턴으로 통합시키는지를 보여주기 때문이다. 린치의 도로(path), 경계(edges), 지구(districts), 결절점(nodes), 랜드마크(landmark)에 대한 이론은 오늘날까지 가치를 인정받고 활용되고 있다. 강력한 시각적 단서(visual cues)를 제공하면 도심의 기능적 구성이 더 잘 드러나고 도심 이용자의 경험도 더 풍부해진다. 도심의 교차로에는 주요한 공공 공간이나 랜드마크를 두어 교차점이 잘 인식되도록 한다. 넓은 대로(boulevard)는 도심의 주요 활동경로를 분명하게 나타내줄 수 있다. 건물 사이의 공간을 줄이고 건물 높이를 키우면 바로 그곳이 도심의 중심임을 시각적으로 표현하는 정확한 시각적 단서가 될 수 있다. 이렇게 하여 도심의 물리적인 구조와 의도된 목적이 쉽게 연결된다. 도시설계는 도시의 기능적 구조를 더욱 잘 읽을 수 있게 함으로써 운영의 효율성을 높여주고, 사람들에게 도심이 보다 의미 있는 장소가 되게 한다.

도심 공공 환경의 구성 요소들은 명료한 조직 구조를 만드는 데 가장 큰 영향력을 발휘한다. 공공 환경의 구성 요소란 기초적인 도로 패턴, 순환체계 안에서 각 도로의 역할, 가로경관의 처리, 오픈 스페이스의 위치 및 특성 같은 것들이다. 이와 같은 요소들은 공공 정책과 투자 결정을 통해 관리된다. 그럼으로써 도심이 명료한 도시구조를 갖고, 연속성(continuity)과 응집력(coherence)을 가진 강력한 도시설계의 틀(urban design framework)을 갖추게 되는 것이다.

가로와 블록의 패턴

도심의 도시설계 틀에서 가장 기본적인 요소는 도로체계이다. 일정한 블록 크기와 규칙적인 교차로로 구성된 일관된 패턴이 제대로 유지되는지에 따라 도심 개발 조직 구조의 견고함이 좌우된다. 블록의 크기는 건물의 스케일에 큰 영향을 미친다. 일반적으로 오래된 도심에서 볼 수 있는 상대적으로 작은 60m~90m 크기의 블록은 블록 내 건물의 폭을 제한한다. 블록이 작으면 그만큼 도로가 촘촘하여 주변 블록과 구역들을 더 쉽게 연결하고 접근할 수 있기 때문에 보행자가 더욱 편하게 이동할 수 있다.

작은 블록은 교통 흐름에 가장 효율적인 방법이라고 할 수 없다. 또한 개발비에 있어서도 가장 효율적인 절감 방법이라고 할 수 없다. 하지만 도시를 경험하는 측면에서는 90m~180m 크기의 슈퍼블록이나 초대형 건물보다는 작은 블록이 더 바람직하다. 도시의 의사결정권자들이 기존에 허용되던 것보다 더 큰 규모의 개발을 하기 위해 기존의 연속적인 도로 패턴을 단절하고자 할 때, 도심을 정의하는 중요한 요소인 공간 조직(structure), 스케일, 기능적인 통합성이 약해지지 않는지 다시 고려해보는 것이 좋다.

▼ 뉴욕시 5번가는 고급상점, 고밀도의 오피스와 세인트 패트릭(St. Patrick) 대성당과 같은 랜드마크로 잘 알려져 있다. 그러나 고속의 일방통행 교통이 이 중요한 지역의 보행 환경에 지장을 주고 있다.

도로의 위계질서

격자형 도로체계는 전통적인 도시 개발방식으로 사용되었으며 아직도 미국 도심의 가장 흔한 도로 패턴으로 남아 있다. 이는 사람들이 쉽게 도로 구조를 이해할 수 있는 패턴이지만 모든 거리들이 서로 비슷해서 매우 단조로워질 수도 있다. 단조로

▲ 도로경관과 보행로가 도로 위계체계를 반영하도록 조성되어 있다면 뉴욕시를 비롯한 미국 도시들의 격자형 도로체계는 단조로울 수 있다. 도로의 폭과 공공 영역은 부동산 소유주와 상인들의 요구와 희망 사항에 맞게 계획되어야 한다.

▼ 건물 후퇴선을 이용하여 광장, 분수를 위한 공간을 마련할 수 있고, 사람들이 거리 활동을 즐기는 앉을 자리를 마련할 수도 있다. 거리에 따라 특별한 장소를 조성함으로써 고밀도 개발 지역 속에 시각적인 여유와 햇볕을 제공할 수 있으나, 이런 공간들이 연속적으로 나란히 조성될 경우 도로의 전반적인 통일성을 저해할 수 있다.

움을 덜어주기 위해서는 도로의 폭을 차별화하고, 보행로와 가로경관을 체계적으로 처리하여 위계질서를 주는 것이 바람직하다.

격자체계 내에서 각 도로의 역할을 다르게 부여하고 그 역할의 위계를 반영하여 가로경관을 조성한다면 도심의 시각적 구조를 명확하게 보여줄 수 있다. 주요 간선도로(arterials), 환승도로(transitway), 집산도로(collector road) 그리고 국지도로(local access road)를 잘 구분하면 통과 교통과 지역 교통 간의 갈등의 여지를 줄일 수 있으며 순환의 효율성을 높일 수 있다. 또한 이러한 도로 위계질서는 보행자 위주 개발(pedestrian-oriented development)과 결합되어 도로에서의 교통량과 속도를 줄일 수 있다.

오픈 스페이스

오픈 스페이스가 도로 패턴과 개발 블록의 일부로 잘 조성되면 쉽게 눈에 띄는 랜드마크가 되어 도심 구조의 명료성(legibility)를 더욱 높여준다. 예컨대, 선(線)적으로 조성된 오픈 스페이스나 넓은 가로수길(boulevard)은 주요 차량도로와 보행자회랑임을 보여준다. 또한 녹지공간은 도시중심부로 들어가는 관문을 표시하고, 공원과 주요 광장은 도심 내의 활동 중심지를 나타내준다. 이들 오픈 스페이스는 토지이용과 개발을 엮어주는 역할을 하며 개별 개발을 엮어주는 틀을 제공함으로써 전체적으로 매력적이고 상호조화된 환경을 만드는 데 기여한다.

토지이용 및 밀도

개발이 가로와 관계를 맺는 방식에 따라 도심 고유의 구조가 보다 명료하게 드러날 수도 있고 약하게 드러날 수도 있다. 예컨대, 개발의 스케일과 밀도의 변화를 명료하게 구별하면 사람들은 중심지에 접근하고 있다는 것과 중심지에 도착했다는 것을 구분하여 알 수 있다. 반대로 주요 진입로를 따라 위치한 개발사업의 용도, 스케일, 강도가 동질적일 경우, 사람들은 도심이 어디에서 시작하고 끝나는지, 주변 구역들과 어떻게 연계되는지 혼란스러워할 것이다.

▲ 록펠러 센터 앞에 놓여 있는 진입 마당은 한 블록을 가로질러서 5번가를 길게 이어준다. 거기에 분수, 조각과 다양한 색상의 식재들이 조성되어 있다. 이는 훌륭한 도심 공간인 록펠러 센터로 접근하는 가장 중요한 진입로다. 이들 어메니티 시설 양옆에 마련된 앉을 자리는 이 장소를 즐기며 머무를 수 있도록 사람들을 반겨준다.

▼ 여름에는 록펠러 센터의 중앙 광장에 앉을 자리를 두고 지하에서 영업하는 레스토랑의 고객들이 거기서 식사를 할 수 있게 허용한다. 다양한 색채의 파라솔과 꽃들이 어우러져 야외 식사를 할 때 따뜻하고 정다운 배경을 만들어줄 뿐만 아니라 위층에서 아래로 내려다보는 사람들에게는 아름다운 경관을 제공한다.

공간적 정의

도심에서 건물들은 연속적인 건축적 테두리를 만들어 도로공간을 정의함으로써 도심의 전체적 조직 패턴을 강화하는 데 중요한 역할을 한다. 건물과 도로로 구성된 3차원적 도시의 틀은 건물이 들어서면서 만들어지는 가로벽(street wall)에 공터, 주차장, 그리고 깊게 들어간 건축후퇴선 같은 공백이 생기면서 약해진다.

반대로, 일관성이 있는 건축선 후퇴와 채우기식(infill) 개발은 기존 도시 조직을 바로잡고 강화하여 도심 구조를 통합하는 데 도움을 준다.

원칙 2: 독특한 정체성 조성

선명하면서도 쉽게 인식될 수 있는 도심 이미지는 사람들이 도심을 의미 있는 장소로 느끼게 한다. 그 의미는 개인적인 것이기도 하고 공동의 것이기도 하다. 그 정체성이 사람들에게 강하게 인식될 때 이는 도심의 모든 용도를 위한 마케팅 자산이 된다.

미국 도심부의 개발 패턴은 규칙적인 격자형 도로와 블록에 의해 형성되고, 연속적으로 늘어선 건물이 만든 가로벽에 의해 그 특성이 더해진다. 이런 개발 패턴이 미국 도심부의 뚜렷한 이미지를 만들어내는 기반이다. 작은 시각적인 요소를 반복 사용하면 도심부의 건물, 가로경관, 오픈 스페이스도 세부적인 디테일을 일관된 주제와 융합시킬 수 있다.

또한 도심 환경의 주제가 연속성을 가지려면 다양한 공간들 사이의 관계, 건축 형태와 디테일, 도심 환경의 재료, 색채, 표지판 및 도로시설물 등이 이에 맞추어 조성되어야 한다. 어떤 주제 요소를 선택하고 그것들을 어떻게 적용할 것인지에 대해서는 신중할 필요가 있다. 도심의 이미지와 방향성(orientation)을 구축하도록 추진하되, 과도한 디테일과 할리우드 무대 장치 같은 요소는 피하도록 한다. 일관성 있는 주제를 먼저 도출하고, 그 다음 그것들을 보강하면서 통일된 특성을 만들어내는 전략을 수립하여 실행해야 한다.

▲ 건물과 상점 전면의 건축적 질은 거리경관이 제공하는 어메니티와 함께 어우러져서 사람들이 도심을 즐기면서 걸을 수 있는 환경을 만든다. 맨해튼 미드타운 지역은 남북 방향으로 뻗어 있는 거리를 따라 도시적 활력을 체험하면서 산책하고 즐길 수 있게 거리가 조성되어 있다.

▼ 보스턴시의 오래된 주거지역에는 건축선 후퇴공간에 옥외 카페, 마당, 정원이 조성되어 있다. 이런 추가적인 공간은 도심의 뚜렷한 정체성을 조성할 수 있는 기회를 제공한다.

복합적인 용도가 집중적으로 몰려 있는 도심 핵심지역(core) 주변으로 다양하게 전문화된 부분지역들이 있을 만큼 도심의 규모가 큰 경우, 이들 부분지역도 나름의 독특한 정체성을 구축할 수 있다. 그러나 동시에 이들 부분지역은 전체 도심지역의 일부로 인식되어야 한다. 가로등, 가로수, 보도 포장 등에 있어 도심의 코어지역에 적용된 디자인 주제를 이들 부분지역으로 확대하면서 구역의 특성에 맞게 약간의 변화를 주는 것도 한 방법이다. 강하고 명료하며 편리한 보행연결을 통해 부분지역들을 도심 코어지역과 묶어주는 것도 매우 중요하다.

역사적 건축물

19세기와 20세기 초에 건축된 건물들은 인간적인 척도(human scale), 고품질 자재, 풍부한 건축적 세부 요소 등으로 인해 도심의 정체성을 만들어내는 강력한 자원이 될 수 있다. 그것이 중요한 랜드마크 건물인 경우든 구역의 특성을 나타내는 데 기여하

▼　워싱턴주 시애틀시의 파이어니어 광장에 위치한 유서 깊은 건물들은 레스토랑, 미술관, 전문직을 위한 사무실, 특산품, 골동품 상점으로 보존·개조되었다. 야외공간을 건물들이 벽처럼 둘러싸고 가로수들이 지붕을 만들면, 표지판과 꽃들은 색채와 질감을 더한다.

▲ 사우스캐롤라이나주의 찰스턴시의 채우기식(infill) 개발로 지어진 건물들은 기존 역사적 건물의 스케일과 성격을 반영하도록 설계되었다.

▼ 독일 쾰른시의 강변 공원과 산책로 개발은 라인강 기슭으로 민간 투자를 유도했다. 선(線)형 공원을 내려다보는 호텔과 레스토랑이 지어졌으며 쾰른시의 강변 이미지까지 변화시켰다.

는 부차적인 구조물이든 간에 오래된 건축물은 역사적 연속성을 느끼게 해주며 그 지역이 과거에 이룩한 성취와 오늘을 연결시켜준다.

이런 자원을 활용하기 위하여 도심의 미래를 위임받은 이들은 랜드마크, 역사적 건축물, 역사성 있는 구역의 보존을 적극적으로 추진해야 한다. 오랜 건물을 개조(renovation)하여 새로운 용도로 전환(adaptive use)하거나 전통적인 상가 전면을 복원(restoration)하는 일은 도심의 이미지를 현저하게 개선하는 효과를 가져올 수 있다. 새롭게 페인트칠을 하거나 간판을 교체하는 것과 같은 약간의 개선도 도심의 외관을 업그레이드하면서 도심의 정체성을 새롭게 인식시키고 만족을 불러일으킬 수 있다.

새로운 개발은 기존 건축에 흥미와 특성을 부여하는 긍정적인 요소들을 강화 또는 보완해야 한다. 이는 가장 눈에 잘 띄고 효과가 나타나는 가로 레벨에서 더욱 중요하다. 지역적인 특성은 강한 도심 이미지를 지속적으로 유지하는 것을 더 용이하게 만들기 때문에 특색 없는 건축 대신 지역성이 있는 건축을 강화하는 것을 장려한다.

지리 Geography

지형, 전망 그리고 다른 자연 자산들은 도시와 도심에 특별한 정체성을 부여한다. 교통 및 개발경제의 변화로 인해 토지와 건물이 재사용될 수 있는 여건을 가진 도시에서 수변공간은 특히 중요한 자산이 된다. 다양한 매력 요소와 함께 수변공간이 재개발될 때 도심의 이미지를 변화시키고 긍정적인 새로운 정체성을 구축하는 데 중심적인 역할을 할 수 있다.

랜드마크 Landmarks

랜드마크는 건물, 아케이드, 공공 공간, 분수, 시계 등과 같은 여러 형태를 가질 수 있다. 랜드마크를 다른 도시 요소와 구별 짓는 것은 주변 환경에서 눈에 띄게 두드러지는 특성이다. 이런 특성은 이용자에게 방향성을 주며 정체성과 시민으로서 자부심을 느끼게 한다. 특히 외부 방문객에게 랜드마크는 도시에서 가장 기억에 남는 요소

▲   오하이오주 신시내티시의 분수 광장은 도심의 아이콘이 되었다. 이곳에 조성된 분수와 조각 때문에 분수 광장은 도시에 거주하거나 일하는 사람들의 만남의 장소로 인기가 높다. 특별한 행사나 축제 장소로도 이상적인 위치에 있기 때문이다.

▼   오리건주 포틀랜드시의 가로경관 정비 이후 도심으로 민간 투자가 유입되었다. 벽돌로 포장한 보도와 거리 경관 요소들은 보행거리에 풍요로운 느낌을 더하고 도심 개발에 있어서 통일성을 주는 물리적인 틀로 작용한다.

이며, 도심 전체를 대표하고 상징한다. 이런 랜드마크의 형태를 도시의 '브랜드'로 활용할 수도 있다. 랜드마크 형태는 도시의 아이콘으로서 즉시 각인되고 널리 인지되며 긍정적인 이미지를 만들어낸다. 공공 부문의 환경개선과 세심하게 계획된 민간 개발은 도시의 정체성을 강화하는 새로운 랜드마크를 만들 수 있다.

높이, 크기, 건축적 스타일 또는 세부 요소의 풍부함으로 인해 주변 개발로부터 눈에 잘 띄는 건물은 유용한 랜드마크가 될 수 있다. 하지만 이런 요소들은 일관되고 통일된 배경과 대조를 이룰 때 가장 효과적이다.

가로경관 처리

도심을 지나는 사람들에게 가로는 전경으로 작용하기 때문에, 가로의 벤치, 가로등, 식재 및 기타 경관 요소를 잘 설계하여 일관성 있게 배치한 가로경관은 도심의 정체성을 명료하게 만드는 잠재력을 가지고 있다.

특별한 보도 포장재를 사용하는 것도 도심지역을 통합하는 데 도움을 줄 수 있다. 시각적으로 가로의 연결성을 높여주고 토지이용의 변화를 연계하는 데 도움을 주기 때문이다. 이런 모든 요소들이 각각 단편적으로 설치되거나 공공 영역 전반에 미치는 영향에 대한 고려 없이 설치되어서는 안 되며 전체적으로 응집력을 가질 수 있도록 설계되고 통합되어야 한다. 가로경관의 잠재력을 최대화하는 열쇠는 도시설계 요소들을 통하여 일관성 있는 도심 정체성을 만드는 것이다.

공공 예술

조각, 분수, 건물 벽면 그래픽 등은 예술적인 측면에서 도심의 특성을 나타낼 수 있으며, 이러한 예술적 특성을 지향하는 것도 도심 정체성 확보의 주제로 삼을 수 있다. 신중하게 설계될 경우 가로수의 쇠받침대(grate), 벤치, 맨홀 커버, 울타리 및 표지판 등의 실용적인 요소마저도 주목을 끌고 감탄을 자아내는 예술적 요소가 될 수 있다. 공공 예술은 도심의 정체성을 강화하며 환경을 인간적으로 만드는 데 도움을 준다.

▲   시카고시 일리노이 센터의 진입 광장에 설계된 현대적인 조각품은 오피스 건물에 들어가는 사람들이나 노스미시건대로를 따라 걷는 사람들에게 시각적으로 자극을 준다. 점심시간에는 조각 주변으로 식사를 하는 사람들과 휴식을 취하는 사람들이 모여들기 때문에 자연스럽게 광장의 초점으로 작용한다.

▼   보스턴시의 우체국 광장에 위치한 격자구조물(trellis)과 분수는 사람들이 공원을 방문하고 오피스 구역 중심에 조성된 녹지를 즐길 수 있게 유도한다.

공공 예술은 특정 장소를 유머스럽게 하기도 하고 역사적 중요성을 부각시킴으로써 사람들의 관심을 끌거나 도시 경험에 의미를 더해준다. 도심 활성화를 위해 예술을 성공적으로 활용하기 위해서는 이를 광장, 공원, 보행로와 같은 공공 공간의 전체 디자인에 잘 통합시켜야 한다.

공공 공간

도심의 교차로에 위치한 공공 공간은 도심의 정체성을 확립하는 데 크게 기여할 수 있다. 그 공간이 시각적 중심지이자 중요한 활동무대일 경우 도심의 강한 상징이 되며, 방문자가 도심의 핵심공간으로 기억하는 장소가 될 수 있다.

대부분의 도심들이 이런 특별한 장소를 충분히 갖추고 있지 않은데, 이런 장소를 조성하기 위해서 비용을 들일 충분한 가치가 있다. 공공 공간의 크기는 주된 전제조건이 아니다. 정체성 있는 요소로 효과적으로 작용하기 위하여 중심 공공 공간은 최대한 잘 보이고 접근하기 쉽게 설계되어야 한다. 또한 다양한 기능을 수용할 수 있도록 융통성 있게 조성되어야 하고, 경계부에서도 다양한 활동을 적극 수용하며 충분하고 다양한 앉을 자리를 제공해야 한다. 그리고 최선을 다해 디자인하고 고품질의 재료를 사용해야 한다.

작은 규모의 지역 공원이나 광장은 도심 내 부분 소구역의 정체성을 부여하는 요소로 작용할 수 있다. 이런 공공 공간은 통합적인 보행 연계체계의 일부여야 하며, 도심 지역의 시각적 구조를 향상시키는 한편 연접한 개발에 대해서는 구체적인 지역 정체성으로 작용해야 한다.

원칙 3: 다양성과 흥미 조성

도심은 다양한 용도와 활동을 제공한다. 마찬가지로 도심은 풍부하고 다양하며 복합적인 환경을 제공하여 폭넓은 감각적 자극(sensory stimuli)을 이끌어내야 한다. 도심을

▲ 조지아주 서배너(Savannah)시의 유서 깊은 공원 광장(park square) 여섯 개는 주변의 주택소유주들의 주택개조에 대한 투자를 장려하기 위해 복원되었다. 복원 후 3년 안에 공원 주변에 있는 개인 주택 중 다수가 개조되었다. 이에 따라 몇 년 후 지역사회는 스스로 모금을 하여 뉴올리언스 광장에 추가로 분수와 가로시설물들을 설치하였다.

▼ 버지니아주 알렉산드리아시의 야외 행사 광장은 다양한 지역사회 활동을 수용하도록 설계되었다. 방문객들은 이 시민공간에서 자주 휴식을 취한다.

역동적인 장소로 유지하려면, 도심이 항상 신선하고, 흥미롭고, 신나는 곳이라는 느낌을 줄 수 있도록 자주 변화하는 요소들이 있어야 한다. 자주 바뀌는 상점 진열대라든지 늘 새롭게 일어나는 활동·이벤트 프로그램이 이러한 변화 요소에 해당한다.

대부분의 모든 도심에서 시각적 다양성과 복잡성이 자연스럽게 나타나지만 어떤 도심은 이러한 특성을 의도적으로 유도할 필요가 있다. 하지만 다양성은 혼란스럽지 않아야 하고, 도심 전반의 시각적 일관성을 흐트러트리지 않아야 한다. 따라서 다양성은 보행자 영역의 건축적 세부 요소, 현수막, 상점 진열대 등과 같은 작은 스케일의 요소에서 장려하는 것이 중요하다.

도심에서 다양성과 흥미를 유발하는 요소에는 여러 가지가 있다. 도로에서 상점의 내부가 들여다보이는 투명한 상점 전면도 좋은 예이며, 날씨가 좋을 때는 바깥까지 영업 활동을 넓히는 생산자직거래시장(produce market), 카페, 노점들도 좋은 예이다. 또한 특별 이벤트 프로그램 등도 다양성과 흥미를 촉진하는 중요한 요소들이다.

원칙 4: 시각 및 기능적 연속성 확보

도심을 이용하는 사람들이 도심경관을 살펴 기억할 수 있고, 전체 환경을 신속하게 파악하며, 흥미롭다고 느끼는 특정 세부 요소를 끄집어낼 수 있기 위해서는 도심의 시각적 요소가 하나로 엮여 있어야 한다. 시각적 연속성은 고객이 상점의 위치와 특성을 쉽게 알아보게 하므로 상인에게 특히 중요하다. 규칙적인 도로 패턴, 통합된 블록 크기, 잘 배치된 공공 공간, 일관성 있는 관계 속의 건물과 도로로 잘 조직된 구조가 만들어졌다면, 시각적, 기능적 연속성을 달성하기 쉬워진다. 하지만 연속성은 다음과 같은 도시설계 요소들의 신중한 처리에도 달려 있다.

건축

통일된 건물 높이는 시각적 연속성을 만드는 데 강력한 요인이 될 수 있다. 그러나 건

▲ 보스턴시의 퀸시 마켓 주변으로 야외 카페, 시장, 노점과 엔터테이너들을 위한 공간을 마련하기 위해 유서 깊은 도로들을 제거하였다.

물 높이를 통일하기 위해서는 상당한 규제가 있어야 하는데, 그처럼 강력하게 규제하는 것은 쉽지 않다. 그럼에도 불구하고 건물들 간의 높이 차이가 완만하게 변하도록 주의깊게 관리하면 단절성을 감소시킬 수 있다.

보행자에게 가장 큰 영향을 미치는 지상 가로 레벨에서의 연속성을 가장 중요하게 고려해야 할 것이다. 유사한 재료를 사용하고 규모도 비슷하여 건물 간에 조화를 이룰 수 있도록 권장하고, 건물 사이의 간격도 일정하게 유지하도록 하며, 전면 입구의 위치와 비율도 건물과 조화로운 관계를 가지도록 유도한다. 또한 건물 전면은 저층부와 고층부를 구분하여 나타낼 수 있도록 한다. 이렇게 함으로써 블록별로 건축물이 응집력 있는 단위로 읽혀지게 하는 것이 목표이다.

연속성은 무조건적인 통일성을 추구하는 것이 아니며, 디자인의 변형(variation)을 허용하면서 상호 간의 화합(compatibility)을 추구하는 것이다. 기본적인 전략은 건축 구성에 사용되는 디자인 요소를 확인하며 서로 다른 건물 사이에 바람직한 디자인 연계 요소를 반복하도록 유도하는 데 있다. 건물들이 서로 가깝게 군집해 있을수록 연

▲ 많은 소도시들은 중요한 거리의 시각적·기능적 연속성을 위하여 보행거리를 조성하였다. 버지니아주 윌리엄스버그시에서는 보행자도로를 확장하여 야외 카페와 특별 행사를 위한 공간을 확보하였다(위). 뉴욕주 사우스햄턴시에서는 좁은 보행도로와 가로 경관이 잘 설계된 상점 전면과 가로시설물들을 보완해준다. 여기서는 상점주들이 가로시설물을 제공하고 관리한다(아래).

▲ 성숙한 가로수와 건물은 선적인 가로공간을 따라 수직적인 벽을 형성한다. 가로수 위로 보이는 건축이 거리의 구조를 만들지만 가로수 밑의 1층 건물 전면은 거리의 질과 이미지를 결정한다. 포틀랜드시의 가로수는 건축 윗부분만 보이게 하는 반면(위), 시애틀시의 가로수는 상점 전면으로 시선을 유도한다(아래).

속성은 더욱 중요해진다. 마찬가지로 도심이 작고 건물이 적을수록 연속성은 더욱 중요하며, 형태, 재료, 크기, 높이 등에서 극단적인 대조를 이루는 건물은 허용되지 않을 가능성이 높다.

가로경관

잘 설계된 가로경관은 도심의 정체성을 만드는 데 주요 요인이며, 다양한 시각적 요소를 통합시키는 기능을 할 수 있다. 가로등, 포장, 벤치, 식재, 신문 자판기, 공중전화 박스 등 가로시설물에 어떤 디자인 어휘(vocabulary)를 선정하여 반복적으로 사용하면 하나의 시각적 중첩(visual overlay)이 형성되어 도심의 가로와 블록을 구조적으로 통합하게 된다.

도시가 할 수 있는 공공 영역에 대한 가장 좋은 투자는 가로수를 심는 것이다. 특히 건축의 위층 부분이 흥미롭지 못하거나 연관성이 없을 때, 가로수의 우거진 나뭇잎 캐노피(canopy)는 시각적으로 통일된 구성을 제공하면서도 보행로나 거리에서 상점 전면과 도로 표지판이 보이도록 유지해준다.

가로공간의 선적인 특성을 강화하기 위하여 가로수는 규칙적으로 배치되어야 하며 차도 변의 연석으로부터 일정한 거리를 유지하도록 해야 한다. 가로수는 신중히 고려해 선택해야 한다. 일광의 정도, 캐노피의 크기, 가을의 낙엽 색깔까지 주의 깊게 파악하고 계획하도록 한다.

가로경관의 연속성을 실현하는 데는 시간이 소요되며, 각 도시가 매년 하고 있는 도로개선에 대한 설계지침을 잘 조정하면 추가적인 비용을 거의 들이지 않고도 가능하다. 그러나 민간의 건물보수와 신규 개발을 촉진시킬 필요가 있는 도심지역에서는 단기간에 획기적으로 가로 환경을 개선하는 것이 바람직할 수도 있다.

표지판Signs

표지판도 도심의 시각적 연속성에 영향을 미친다. 크기가 과도하거나, 디자인이 빈약하거나, 유지·관리가 부실하거나, 또는 그 수가 과도하게 많은 문제들은 큰 비용을 들이지 않고도 짧은 시간에 바로잡아 큰 효과를 낼 수 있다. 상업간판의 크기, 디자인, 부착 위치에 대한 설계지침이 필요하며, 이와 함께 공공 방향표지와 안내판이 시각적 어수선함을 초래하지 않으면서 잘 기능할 수 있도록 그것의 사용과 디자인에 대한 단순하고 조직화된 프로그램이 필요하다.

연계|Linkages

도심이 수용하고 있는 다양한 용도와 활동 사이를 잘 연계(link)하는 것도 도심을 매력 있는 장소로 만드는 데 중요하다. 업무, 주거, 상업, 엔터테인먼트, 문화 기능 간의 편리하고 깔끔한 연결은 보행 활동의 시간대를 확장시키며 도심부의 다양한 용도 간 상호지원 관계를 더욱 원활하게 해준다.

▲ 뉴저지주 프린스턴시 도심은 가로경관의 어메니티, 다양한 색채의 차양과 표지판의 조화로 쇼핑하기 좋은 환경을 구현하고 있다. 고품질 상점, 상점 전면, 유서 깊은 건축 파사드가 이 상업거리의 성공에 도움을 주고 있다.

▲ 뉴욕주 새러토가스프링스시는 상인들과 협력하여 보행로와 차도 사이에 화단을 조성하여 관리하고 있다.

▼ 새러토가스프링스시와 알렉산드리아시에서 상업간판과 상점 건축디자인은 각 도시가 만든 건축 가이드라인과 기준에 따라 조성되었다.

원칙 5: 편의의 최대화

대부분의 도시에는 10분 또는 15분 안에 걸어서 가로지를 수 있는 크기의 도심이 존재한다. 도심을 컴팩트하게 유지하는 것은 접근성을 높이고 사용자들의 편의를 최대화하며 다양한 용도 간 경제적 상호작용의 기회를 만들어낸다.

보행 이동

도심부의 재생을 촉진시키는 물리적 조건을 만들기 위해서 가장 중요한 일 가운데 하나는 도심을 보행자의 장소로 개선하는 것이다. 도심이 해결해야 할 가장 어려운 과제는 사람들이 도심에 차로 도착하여 주차한 후 여러 목적지를 걸어서 다닐 수 있게 하는 것인데, 도심을 보행자의 장소로 개선하면 이를 달성하는 데 도움을 줄 수 있다. 조밀한 토지이용, 명확한 조직 구조, 잘 통합된 보행자 연계 시스템을 통하여 도심을 매력적인 원스톱 활동 장소로 조성할 수 있다. 또한 블록의 길이를 짧게 하고 큰 블록에서는 가로지르는 접근로를 설치하면 가로 사이를 이동하는 것이 쉬워진다. 주차장과 소매 중심지 사이를 원활히 연결하는 것 또한 중요하다.

주차

상업과 엔터테인먼트 중심지로서 도심의 편리성과 매력을 높이기 위해서는 근무자를 위한 장시간 주차보다 방문객의 단시간 주차를 우선시하는 주차정책이 필요하다. 쇼핑객이 주차장을 쉽게 찾을 수 있도록 안내표지를 설치하고, 각 점포가 주차비를 할인해주는 고객 서비스를 제공함으로써 도심이 교외 쇼핑센터에 경쟁력을 가질 수 있도록 한다. 물론 도심근무자를 위한 장시간 주차가 적절히 공급되어야 한다. 그러나 이 경우 주차공간을 근무지점에서 떨어져 위치시킬 수 있다. 4~5개 블록을 걸어서 도달할 수 있는 위치이거나 대중교통노선을 따라서 간다면 더 먼 거리에 있을 수도 있다. 주차시설의 위치, 이용시간대, 장단기 이용시간에 따른 융통성 있는 가격책정은 효과적인 주차 프로그램에 반드시 포함되어야 할 내용이다.

대중교통Transit

도심지역 내의 여러 활동 중심지를 이어주고 도심과 주변지역을 연결하는 대중교통 회랑(transit corridor)은 도심에서 자동차 이용을 대신할 수 있는 편리한 대안을 제공한다. 대중교통 이용을 유도하기 위해서는 대중교통을 기다리는 시간이 짧아야 하며 이용요금이 저렴하거나 혹은 무료인 것이 좋다. 도심 내에서는 차량으로 돌아다니는 것이 오히려 불편하고 비싸도록 주차장 공급을 제한하고 주차비를 책정하는 것 또한 중요하다.

원칙 6: 편안함 제공

보행자의 신체적, 심리적 편안함(comfort)을 보장하는 것이 매우 중요하다. 보행로는 충분한 폭을 가지도록 조성하고, 보행자에게 그늘과 앉을 자리를 제공하며, 차량으로

▼ 콜로라도주 덴버시의 버스전용도로는 기차역과 연결된다. 전기 버스, 경전철 세 개 노선과 광역버스 정류장이 두 개 있어서 천여 명이 도심을 이용한다. 대중교통 전용도로 옆 공공 공간에서는 사람들이 걷거나 휴식을 취할 수 있다.

▲ 버스를 기다리는 가로공간의 환경을 개선하면 대중교통 이용을 늘릴 수 있다. 덴버시의 대중교통 몰(transit mall)은 편한 좌석과 시설을 제공하여 대중교통 이용을 유도한다.

▼ 버스전용도로는 다른 차량들이 도로를 이용할 기회를 배제한다. 버스 전용차선과 함께 제한된 차량접근로를 마련하는 것이 가로변 상가와 레스토랑을 위해 중요하다. 왜냐하면 이들 가로변 용도는 고품질의 환경뿐 아니라 양호한 접근성도 원하기 때문이다.

부터 보호받는다는 느낌을 주어야 한다. 사람들의 활동이 일어나고, 시야가 트여 있으며, 범죄를 막아주는 '거리의 눈(eyes on the street)'이 있으면 안전이 확보될 수 있다. 일부 도시에서 채택하고 있는 '도심 대사(city center ambassador)'는 도심을 순찰하면서 방문객에게 도움을 주는 민간의 자원봉사자인데, 이들을 도심에서 볼 수 있고, 거리 상인과 도심 유지·관리 종사자들의 친근한 모습도 볼 수 있다면 사람들이 심리적으로 편안함을 느끼게 될 것이다.

도심의 물리적 편안함을 높이기 위한 계획에서 고려해야 할 네 가지의 관심사는 기후, 교통, 편의시설과 물리적 안전이다.

기후

기후는 보행자 편의에 중요한 영향을 미친다. 고층건물들을 배치할 때는 중요한 공공 공간에 그늘이 지지 않게 해야 하며 특히 추운 계절에는 더욱 주의해야 한다. 동서 방향의 가로를 따라 위치된 건물들은 남쪽 방향의 일광을 제한하며, 남북 방향의 가로에는 일광이 보다 지속적으로 비추어서 보행 활동을 장려한다. 더울 때는 나무나 건물에 부착된 차양으로 그늘을 제공하는 것도 편안한 보행 환경에 중요하고, 궂은 날씨에 사용할 수 있도록 실내에 공공장소를 확보하는 것도 좋다. 10층 이상 높은 건물일 경우, 상층부 벽면의 후퇴(setback)는 도로와 공공장소의 바람터널 효과를 줄이기 때문에 장려해야 한다.

교통

도심부의 도로 설계에서 중요한 것은 보행자에게 보행 영역과 차도가 적절히 분리되어 자신이 보호받는다는 느낌을 주는 것이다. 보행 활동이 활발한 주요 가로에서는 통과교통의 양과 속도를 적절히 통제하여 소음과 매연을 최소화하고 보행자의 안전을 확보하도록 한다.

편의시설Amenities

앉을 자리(seating)와 같은 편의시설은 도심의 공공 공간에 마련되어야 하고 대중교통
이용자의 편안함을 위해 버스 정류장에도 설치되어야 한다. 보행로는 충분한 폭을 확
보하여 그냥 지나가는 보행자를 수용하면서도 윈도우 쇼핑 활동, 버스 대기공간, 가
로수 및 기타 가로시설물을 위한 공간도 확보되도록 한다.

물리적 안전

모든 포장재는 안전한 보행 표면을 제공해야 하며 보행자에게 위험할 수 있는 높이의
변화를 피하도록 한다. 명확하게 표시된 횡단보도는 높은 가시성과 더욱 안전한 느낌
을 갖게 한다.

가로 환경조성에 대한 디자인 가이드라인을 만들어 보다 명료한 도심조직구조를

▲ 버스 정류장의 위치는 주변 보행자 동선과 상업 활동에 영향을 미칠 수 있다. 포틀랜드시의 지붕 덮인 대형버스 정류장 시설
은 사람들을 궂은 날씨로부터 보호하지만 설치된 보도의 폭이 충분이 넓지 않으면 주변 상점으로의 시각적 · 물리적 접근을 제한
한다.

▲ 포틀랜드시 가로경관의 높은 품질은 보행친화적인 환경 조성에 기여하며 여러 요소들로 이루어진다. 보행로 포장재, 꽃, 가로수, 매력적인 상점 전면은 서로 보완적인 역할을 하여 도시 상가지구의 통합된 보행 네트워크를 구축한다.

▼ 파리시 샹젤리제 보행자공간의 재설계로 야외 카페, 노점상과 보행자를 위한 추가적인 공간이 마련되었다. 재설계의 일환으로 보행로 옆 서비스 도로가 제거되고 보행로 폭을 확장하는 공사가 포함되었다.

잘 만들고 인간적 스케일을 확보해 나가도록 한다. 가로공간에 있는 사람들에게 안전한 느낌을 주기 위하여 최대한 주변 건물에서 도로가 내다보이도록 한다. 공공 공간은 시야가 가로막힘 없이 트인 공간이 되도록 설계해야 하고, 도로, 공공장소와 주차장에는 적절한 조명이 제공되어야 한다. 가로와 공공장소에서의 사람들의 활동은 안전감을 주고 치안에 도움이 되므로 적극 장려되어야 한다. 세밀한 관리를 통하여 도심이 깨끗하고 잘 조직된 상태를 유지하는 것도 물질적, 심리적으로 편안함을 느끼게 해준다.

원칙 7: 고품질High Quality 강조

도심 환경에서 나타나는 디자인의 단순함, 양질의 자재 그리고 세밀한 관리는 보행자의 체험을 중시하고 있다는 가시적인 표현이며, 사람들을 도심 공공 공간으로 초대하는 것이다.

가로경관을 구성하는 자재와 각종 가로시설물은 가격대가 적절하면서도 품질이 가장 좋은 것을 사용하도록 한다. 포장재, 가로수, 가로등, 앉을 자리와 같은 시설은 고품질 공공 환경을 구현하는 가장 기본적인 요소들이다. 공공 공간 조성을 위한 자재를 선정하고 디자인을 결정할 때는 장기적인 유지관리비용을 생각하고 이를 최소화하도록 노력해야 한다. 이 유지관리비용은 초기 사업비 확보단계에서부터 전략적으로 고려하도록 한다. 도심 환경 조성을 위한 디자인 가이드라인(design guideline)을 만들고 사업 때마다 디자인 심의(design review)를 거치도록 함으로써 공공 및 민간 부문의 도심환경조성사업이 높은 수준을 유지하도록 유도할 수 있다.

06

공공 공간

센트럴 파크는 도시 사람들이 도시를 떠나지 않고도 은둔 같은 시골생활의 모든 기쁨을 맛볼 수 있는 장소이다.

– 프레데릭 로 옴스테드

Central Park—a place where urbanites could taste all the joys of rural life, including seclusion, without leaving the city.

—Frederick Law Olmsted

06

공공 공간

Public Spaces

도심의 공공 공간(public space)은 사람들 간의 상호 교류와 즐거움을 위한 기회를 제공한다. 이러한 만남의 공간이 독특한 개성을 나타내면서 도심가로의 활력을 보완할 때, 도심 공공 공간은 민간 투자를 끌어들이는 강력한 촉매제가 된다.

도시 중심부의 가장 중요한 공공 공간은 가로(street)이다. 가로는 보도 포장까지 포함하여 건물의 전면과 전면을 잇는 공간이다. 이 공간의 가시성 때문에, 가로는 긍정적이고 통일된 도심 이미지를 구축하는 강력한 역할을 할 수 있다. 공원, 광장, 아케이드, 아트리움, 갤러리를 포함한 여러 가지 유형의 공공 공간 또한 도시 중심부를 다른 지역과는 다른 독특한 성격의 장소로 만들어가는 것을 돕는다.

성공적인 공공 공간 만들기

공공 공간이 성공적이기 위해서는 다음 사항들을 따라야 한다.

❖ 도심 환경의 딱딱한 표면들을 부드럽게 하고 인간적으로 만들라 집중적으로 개발되어 포장으로 뒤덮인 도심부에서 일부 토지를 할애하여 녹지공간을 조성하는 것은 인간적인 가치를 중요시한다는 것을 표현하는 확실한 방법이다. 이러한 부드

◀ 뉴욕시의 센트럴 파크 (Central Park)

럽고 인간적인 공간은 사람들이 도시 중심부를 체험하는 데 기쁨과 즐거움을 주고, 시각적인 흥미를 만들어내며, 여가 활동을 위한 매력적인 환경을 만들어준다.

❖ 자연스러운 사회적 교류, 시민 모임, 비공식적인 오락, 특별한 이벤트를 위한 환경을 만들라 도심지역의 공공 공간은 도시의 활력과 생활 모습이 확연히 드러나도록 조성해야 하며, 참여와 즐거움을 이끌어내야 한다. 공공 공간에 이벤트를 기획하면, 보다 다양한 활동이 일어나게 되고, 사람들을 도시 중심부로 이끌 수 있는 매력도가 높아진다.

❖ 도시 중심부의 물리적인 구조를 분명히 표현하는 요소를 만들라 만약 도시 중심부가 일관된 개발 패턴을 가지고 있고 강력한 장소성이 있다면, 도시 중심부의 공공 오픈 스페이스는 도심 구조의 중심이 될 수 있다. 그러나 이러한 외부공간이 성공적으로 그 역할을 하려면 지상 주차장이 적절히 관리되어야 한다. 지상 주차는 도심 조직 간의 공간적 틈을 만들고 외부공간 패턴을 무작위로 만들어서, 개발에 대응하는 공간인 오픈 스페이스의 효과를 희석시킨다.

❖ 정체성을 만드는 요소나 장소 만들기 요소를 만들라 공공 공간은 도시 중심부의 기억에 대해 남을 만한 이미지를 만들고, 건강한 커뮤니티와 사회생활의 상징적 공간이 된다. 이러한 기능은 도시 중심부의 정체성을 만들도록 돕는 여러 가지 유형의 공간과 주변의 부분지역들과 연계되면서 더욱 강화된다. 이 장소들이 제공하는 어메니티는 인접한 신규 개발이 이에 맞추어 일어나도록 유도하는 역할도 한다.

도시 중심부는 반드시 사람들의 다양한 시각적, 기능적인 욕구를 만족시키는 다양한 종류의 공공 공간을 가지고 있어야 한다. 이러한 공간들은 서로 연결되어야 하며 중심 지역의 보행 네트워크로 연결시켜 통합된 시스템을 만들어야 한다.

▲ 샌프란시스코의 엠바카데로(Embarcadero) 센터에 있는 광장은 업무금융지구의 중심에 위치하는 유명한 만남의 장소이며, 업무건물의 지상부에 위치한 레스토랑은 대규모의 활동공간과 분수대를 향해 있다. 가로수 캐노피는 공공 공간을 부드럽고 인간적으로 만들며, 옥외 카페를 즐기는 사람들을 위한 그늘을 제공한다.

▲ 라피엣(Lafayette) 공원은 사람들에게 워싱턴 D. C. 중심부에 조용한 장소를 제공하는데, 이 공원은 보행자도로, 그늘진 식재, 복원된 역사적인 구조물들로 둘러싸인 대규모 잔디밭과 분수대로 이루어져 있다. 사람들은 양지에 앉거나 녹지공간을 둘러싸고 있는 그늘진 보행로를 즐기게 된다.

성공적인 도심부 공공 공간의 요소

도시 중심부에 사람들을 위한 아름다운 장소가 만들어지면, 그 공간은 특별한 의미를 갖게 된다. 그 공간은 도시의 심장이 되고 꼭 가봐야 하는 곳이 된다. 도시 중심부에 시민을 위한 공간을 만드는 것은 매우 큰 상징적인 의미가 있다. 그것은 도시의 가장 가치 있는 토지의 일부를 공공의 이용과 즐거움을 위해 내어주는 것으로서, 그 도시가 시민과 방문자들의 삶의 질을 얼마나 중요하게 생각하는지를 명백하게 보여주는 것이기 때문이다. 또한 이러한 도심의 공공 장소는 기능적으로 여가 활동을 위한 무대를 제공하는 동시에 도심부의 도시적 삶을 축복하는 의미도 가진다. 잘 설계되고 유지 관리된 도심의 공공 공간은 주변 토지들의 경제적인 가치를 높이기도 한다. 성공적인 장소를 만드는 필수 요소들은 좋은 위치, 최적의 규모, 인간 친화적인 분위기를 만드는 프로그래밍, 최상의 이용을 이끌어내는 디자인이다.

위치
중심이 되는 공공 공간은 반드시 주요 보행로가 서로 만나는 교차점에 위치해야 한다. 이 공공 공간은 중심 위치의 잠재력을 활용하여 보행 활동을 이끌어내기 위해 소매상점이 집적되어 있는 중심지와 공간적으로 연결되거나 또는 그 주변에 위치해야 한다. 또한 주변지역은 평일 이외에도 저녁시간과 주말에 보행 활동이 이어질 수 있도록 토지이용이 혼합되어 있어야 한다.

규모
도시 중심부의 중심이 되는 공공 공간은 주요한 여가 활동과 시민들을 위한 이벤트를 수용하기에 넉넉한 규모를 갖추어야 한다. 그러나 피크 기간을 지나면 활동 없이 비어 있는 것처럼 보일 만큼 너무 크지는 않아야 한다. 비교적 작은 공간이 활기찬 분위기와 활력의 느낌을 만들어내기는 더 쉽다. 개발 밀도가 높지 않고 보행자 용도도 그다지 집중되어 있지 않은 도심에서는 공공 공간의 크기를 보수적으로 결정하는 것

▲ 오스트리아의 잘츠부르크에 위치한 이 정형적인 공원에서 풀밭에 깔린 봄꽃들은 재미있는 패턴을 만들어낸다. 중앙의 분수대, 조각상, 그리고 정원은 미러벨 궁(Mirabell Palace)을 위한 아름다운 전경을 만들고 있다.

▼ 뉴욕시 브라이언트 공원의 재설계와 개발은 새로운 레스토랑과 야외 카페를 만드는 것을 포함하고 있었다. 공원 동측에 도입한 이러한 상업공간은 낮시간에서 저녁시간까지 수백 명의 사람들을 공원으로 끌어들이고, 공공 공간을 즐기고자 하는 공원 이용자들에게 더 안전한 장소가 되게 함으로써 지역 일대를 활성화시켰다.

이 좋다. 특별한 이벤트가 있는 경우 몰려드는 참여자들을 수용하기 위해서 연접하는 가로의 차량을 통제하여 공간을 확보할 수 있기 때문이다.

도심 공공 공간의 적정 크기를 결정하는 데 있어 주변 건물들의 높이와 이 건물들이 만들어내는 공간적 위요(enclosure)의 정도는 핵심적인 고려사항이다. 일반적으로 공공 공간이 잘 규정되고 에워싸이기를 바란다면, 인접한 가로를 포함한 공공 공간의 폭은 주변 건물 높이의 세 배를 넘지 않는 것이 좋다. 조각이나 인공폭포(연못)와 같은 중앙의 초점이 되는 요소는 공공 공간을 조직하는 역할을 하고, 사람들에게 크기에 대한 감각(sense of scale)을 갖게 하여 공공 공간을 보다 쉽게 인지할 수 있도록 해준다. 또한 분수와 같이 물을 사용하는 요소들은 공공 공간에 사람이 없을 때조차도 움직이고 활동하는 느낌을 줄 수 있다.

프로그래밍

중심적인 공공 공간의 경계부에 소매점, 레스토랑, 카페들이 열 지어 있을 때 활기가 살아나고 사람에게 친근한 분위기가 형성된다. 공공 공간의 이용을 극대화하는 좋은 방법 중 하나는 공공 공간을 소비 활동과 연결시키는 것이며, 특히 음식점이 큰 역할을 한다는 것을 경험을 통해 알 수 있다. 음식은 사람들을 끌어들이며, 사람들은 자신들이 더 많은 사람들을 끌어들이는 자석 역할을 하는 것을 즐기기까지 한다. 소비 활동은 공공 공간에 활력을 북돋을 뿐 아니라 순찰과 치안유지의 기능까지 수행한다. 사람들을 도시 중심부로 끌어들이기 위해 콘서트, 미술품 전시, 축제 등 여러 이벤트를 제공하는 것은 중심공간의 가능성을 활용하는 좋은 방법이다. 가장 성공적인 도심 공공 공간은 그 지역의 민간 부문이 환경조성과 운영에 적극 참여하는 경우에 종종 발견할 수 있다. 예를 들어 미국 도시의 경우 시청과 도심상인이 협의하여 '경제활성화구역(Business Improvement District: BID)'을 설정한 후 상인단체가 구역의 환경관리를 스스로 담당하기도 하고, 도심부 내 기업과 상인이 비영리단체를 만들어 도심환경을 관리하고 프로그램을 운영하는 사례가 많다.

설계/디자인

도심부는 다양한 활동들을 끌어들이고 그것들을 담아낼 수 있도록 설계되어야 한다. 도심부 설계에서 중요하게 고려해야 할 사항으로는 공공 공간과 주변의 가로 및 보행로와의 관계, 앉을 자리의 유형과 수량, 도심공간의 유연한 이용, 물리적, 심리적으로 느낄 수 있는 편안함의 정도, 편의시설의 양, 고품질의 공간을 조성하기 위한 배려 수준을 들 수 있다.

가로와의 관계 공공 공간은 반드시 눈에 가장 잘 띄어야 하며 가로로부터의 접근성이 가장 좋아야 한다. 사람들은 가로를 따라 걷는 보행자들을 바라보는 것을 즐겨하며, 이러한 공간에 사람들이 있는 것을 보는 것 자체가 다른 사람들을 끌어들인다. 가시성(visibility)은 안전을 위해서도 중요하다.

잠재적인 이용자를 끌어들이기 위해서는, 가로와 공공 공간 간의 전환 부분이 가능하면 단순해야 한다. 예를 들면, 표면은 같은 레벨로 연속적으로 유지되는 것이 좋으며, 수직적인 변화가 필요한 경우에는 폭은 넓고, 높이는 얕은 계단이 사용되어야 한다. 오픈 스페이스와 가로를 분리하는 느낌은 최소화되어야 한다.

편안한 앉을 자리 공공 공간의 이용에 영향을 미치는 가장 중요한 요인들 중 하나는 자리에 앉을 수 있는 기회의 횟수와 다양성이다. 충분한 규모의 앉는 장소가 있어야 하는데, 일반적으로 볼 때 광장 면적의 매 30제곱피트(약 2.8제곱미터)마다 1피트(약 0.3미터) 길이의 앉을 자리가 있는 것을 권장한다. 앉는 자리는 다양한 장소에 마련되지만, 계단, 벽체, 돌출 선반 형태의 공간도 만들어질 수 있다. 고정된 개인의자의 이용은 가급적이면 피하는 것이 좋다. 전통적인 모양의 벤치를 포함해서 옮길 수 있는 의자(movable chair)는 사용자에게 공간, 다른 사람, 햇볕을 고려해서 어디에 앉는 것이 좋을지 선택할 수 있는 최대한의 유연성을 제공한다.

유연한 이용 도심의 공공 공간이 단일하고 특정한 이용만을 위해 설계되고 그렇게 유지되는 것은 피해야 한다. 예를 들면 특별 이벤트 동안에만 이용할 수 있는 고정된 자리로 만들어진 원형극장 같은 경우가 이에 해당한다. 도심 공공 공간은 고정된 요

▲ 보스턴의 코플리(Copley) 광장은 공원 설계와 조성의 탁월한 사례이다. 중앙의 녹지는 야외 콘서트, 축제, 기타 공공 기능을 수용할 수 있는 유연한 활동공간으로 재설계되었다. 두 줄로 늘어선 식재가 드리우는 그늘은 광장 두 면을 둘러싸며 트리니티 교회를 향한 시야의 틀을 만든다.

▼ 코플리 광장의 중심부 녹지의 경계를 규정하는 벽돌로 된 보행로는 신선 제품과 공예품을 파는 노점상을 위한 공간으로 제공된다. 이 벽돌로 된 보행로는 가로까지 이어져서, 공원 주변의 보행로로부터 시각적이고 물리적인 접근이 가능하도록 한다.

소들로 채워져서는 안 된다. 유연성을 높이기 위해 높이가 높은 화단이나 기타 고정된 시설물의 사용은 피해야 하며, 특히 공공 공간의 중심 부분에서는 사용하지 말아야 한다. 강도 높은 보행 활동이 예상되는 곳에는 유연하게 활동을 수용할 수 있도록 포장된 넓은 공간을 제공하는 것이 필요하다. 이 공간에 나무를 도입할 경우에는 사람들이 나무 뿌리를 밟지 않도록 밑둥에 포장면과 평평하게 철제덮개를 설치하여 식재와 통합된 공간이 되도록 하고, 사람들이 안전하다고 느낄 수 있게 가시성을 확보하도록 한다.

편안함 공공 공간은 식재를 포함해야 하는데, 나무는 스케일감(sense of scale)을 주면서 그늘을 드리울 수 있는 캐노피(나뭇잎의 우거진 윗부분)를 만들 만큼 충분히 커야 한다. 캐노피 아래 공간은 흔히 친구를 만난다거나 사람들을 구경하는 등의 비공식적 활동들이 가장 밀도 있게 일어나는 구역이 된다. 바닥에 어두운 색의 포장 재료를 사용하면 더운 날씨에 빛과 열의 반사를 줄일 수 있다. 사람들이 봄과 가을까지 공공 공간을 사용하고 여름에도 편안하게 이용하기 위해서는 햇볕이 드는 공간과 그늘이 있는 공간을 모두 갖추어야 한다. 특히 이용도가 가장 높은 시간대에는 햇볕이 들게 해주는 것이 중요하다. 사람들이 의자에 앉거나 담요를 깔고 잔디밭에 있고 싶어 하는 평일 12시부터 2시 사이에는 가능하다면 주변의 건물들이 그늘을 만들지 않도록 높이를 통제하도록 한다. 고층건물이 바람터널 효과와 하강기류를 만들어내는 가능성에 대해서도 고려되어야 한다.

공공 공간의 운영 프로그램이 사람들의 활동을 유발하고, 이러한 활동이 가로에서 보이도록 공간이 설계된다면, 공공 공간 내에서의 심리적 편안함은 향상될 것이다. 공공 공간 내에서 가시성을 제한하는 1미터 또는 이보다 조금 큰 중간 정도 높이의 나무, 차단벽(screen wall), 건물, 고정된 시설물, 지표면 높이의 변화는 매우 주의 깊게 만들어져야 한다. 그렇지 않으면 공공 공간 내에 눈에 띄지 않아 안전하지 않은 부분을 만들 가능성이 있다.

▲ 플로리다의 탬파(Tampa)에 있는 사유지의 내정(courtyard)은 카페 테이블과 의자를 가진 광장으로 조성되어 사람들이 긴장을 풀고 즐길 수 있게 해준다. 분수대, 그늘진 식재, 옥외시설물은 사람들이 모이게 하여 이곳을 특별한 장소로 만들어준다.

▼ 런던 공원의 편안한 접이식 캔버스 의자는 사람들에게 인기가 높은데, 사람들이 대화하기 쉽도록 자유롭게 배치할 수 있기 때문에 공공 공간에서 사회적인 교류를 향상시킨다.

편의시설과 즐거움 공공 공간을 일반적인 재료가 아닌 특별한 재료로 포장하면 보다 풍부한 느낌과 질감(texture)을 주며, 시각적인 흥미를 만들어낼 것이다. 분수대, 연못, 현수막, 조각을 포함한 공공 예술품 같은 요소들은 감각을 자극하고 기쁜 마음을 갖게 하며, 환경의 질을 향상시킬 뿐 아니라 공간에 의미를 부여하고 커뮤니티 역사를 상기시킨다.

고품질과 단순성 공공 공간의 설계에 있어서 중요한 것은 전체적인 개념(concept)으로부터 작은 세부 요소(detail)까지 모든 스케일에서 고품질(high quality)을 유지하는 것이다. 그래야 이용자의 즐거움과 감탄을 얻어낼 수 있다. 또한 되도록 가장 고품질의 재료를 사용하고 가장 높은 수준으로 디테일의 완성도를 높이면, 그 도시가 인간적 가치를 존중하고 공공 공간의 내구성과 유지·관리에 최선을 다하고 있다는 것을 나타내는 것이다. 이는 그 도시가 도심의 장기적 번영에 대해 확신을 가지고 있다는 징표이기도 하다.

도심의 공공 공간이 사람들을 위한 장소로서 성공하기 위해서 공간은 가능하면 단순하게 설계하는 것이 좋다. 성공적인 공공 공간은 억지로 이용자의 주목을 이끌어내려고 하거나 어떤 특정한 이용 패턴을 강요하지 않으며, 무엇을 의도적으로 이끌어내기 위한 설계 술책(design gimmick)을 쓰지 않는다. 단지 사람들의 자연스러운 활동을 지원할 수 있는 여건을 만들어주는 데 그친다.

기타 공공 공간

이상에서 논의한 도심 내 핵심부에 있는 공공장소를 보완하고 지원하는 기타 공공 공간(other public space)들도 중요하다. 이들은 위치하고 있는 도심 내 부분지역의 정체성을 만들어줄 수 있다. 이러한 2차적인 공공 공간들은 도심 내 부분지역 간을 연결시켜주며, 부분지역의 입구이자 편의시설로서의 역할을 하고, 민간 개발을 불러일으키는 촉매제로 작용한다.

▲ 보스턴의 역사적으로 중요한 퀸시 마켓(Quincy Market)의 공공 공간 프로그램은 사람들의 활동과 상행위를 만들어내는데, 상인과 노점상들이 운영하는 이 공간은 여름철에 쇼핑하고 먹고 즐기고자 하는 많은 군중들을 끌어들인다. 퀸시 마켓의 레스토랑은 광장을 향해 열려 있어서 장소의 활력을 더한다.

▼ 워싱턴의 라피엣 공원(Lafayette Park)은 탁월한 도시설계의 예인데, 녹지공간과 보행 시스템이 방문자들에게 좋은 경험을 갖도록 설계되어 있다. 전체적으로 단순하게 설계되었고, 표본형 나무(specimen tree)를 심고, 고품질의 포장 재료를 사용함으로써 비교적 용이하게 높은 수준으로 공원이 관리되도록 했다.

▲ 시카고의 노스미시건대로(North Michigan Avenue)와 레이크쇼어길(Lake Shore Drive) 사이에 위치하는 혼합 용도의 주거 지역의 환경을 개선하기 위해 다수의 작은 도심 공원들이 만들어졌다. 이 선형공간은 일련의 광장들을 연결하면서 시카고강까지 확장되는데, 거주자와 방문자들에게 호텔, 상점, 레스토랑, 시카고 수변 편의시설에 이르는 매력적인 연결공간이 되고 있다.

▼ 시애틀의 웨스트레이크 센터(Westlake Center) 앞의 도심 광장은 옥외 활동과 특별한 이벤트를 위한 공간이 되고 있다. 한 개 블록의 차도를 폐쇄하여 조성한 이 공공 공간은 그곳이 도심 소매상점지구의 중심이라는 것을 명확히 나타내면서 도시 중심부의 심장이 되는 곳의 장소성을 형성시켰다.

디자인과 위치

위에서 논의한 도심 중심부의 공공 공간의 설계원칙들은 이들 기타 공공 공간의 설계에도 공간 크기에 맞추어 모두 적용되어야 한다. 음식을 파는 노점상과 공공 공간 경계부의 기획된 행위를 잘 통합하고, 가로로부터 공공 공간으로의 접근성과 가시성을 극대화함으로써 사람들의 활동과 활력은 촉진될 수 있다. 더불어 앉을 자리는 양적으로 충분하고 선택의 여지도 주어져야 한다. 이러한 질적 수준을 갖춘 공공 공간은 매력적일 뿐 아니라 잘 이용될 것이다.

이들 2차적인 공공 공간의 위치도 중요하다. 공공 공간은 통합된 시스템의 일부로서, 보행로와 더 큰 공공 공간과 연결되어야 한다. 또한 보행로가 교차하는 곳에서 일어나는 강도 높은 활동들을 활용할 수 있어야 한다.

광장

종종 업무건물 개발 시 조성되는 건물 앞 광장은 도시 중심부의 보행 흐름 패턴에 통합되지 않는 경우도 많이 볼 수 있다. 이런 공간은 부정적인 효과를 미칠 수 있는데, 가로를 따라 늘어선 활력 있는 소매점 전면부의 흐름을 끊어놓거나 인접하여 서로를 강화하는 용도들을 분리하기 때문이다. 많은 광장이 차도를 따라 건축물이 형성하는 가로벽(street wall)을 단절시켜 공간의 짜임새에 대한 느낌과 시각적 연속성을 약화한다. 또한 광장이 너무 많은 데 비해 광장을 채울 활동들은 충분하지 않을 수도 있다.

만약 밀도 보너스 프로그램(용적률 인센티브)이 민간 개발자로 하여금 공공 편의시설을 만들도록 유도한다면 공공 부문은 공공 광장의 위치와 설계에 대한 규제권을 가지고 있어야 한다. 공공 부문이 개발 과정에서 공공 광장을 요구할 계획이라면, 광장이 성공적인 공공 공간이 되기 위해 위에 언급한 각 요소들이 어떻게 정렬되어야 하는지에 관해 사전에 명확하게 규정되어 있어야 한다. 만약 광장이 특정한 위치에 제안되고 이 위치에서는 이러한 요소들이 모두 수용될 수 없다면 공공 부문은 개발자가 다른 위치에 외부공간을 개발하도록 유도해야 하며 그 위치는 공공 공간의 혜택이 더 확실한 곳이어야 한다.

공원

공원과 선적(linear)인 오픈 스페이스는 도시의 인공적 환경에 대비되는 신선한 녹지 공간으로서 도시 중심부의 거주성(livability)을 높이는 데 기여한다. 이러한 녹지 공간은 비공식적인 여가를 위한 기회를 제공하며 중요한 이미지를 형성하는 요소이기에, 도시 중심부의 주거지 개발에 요구되는 긍정적인 환경 조성에 상당한 영향력을 미칠 수 있다. 설계에서 강조해야 할 점은 수목을 식재한 양질의 잔디공간을 만드는 것이고, 만약 공간이 넉넉하다면 분수대 같은 물을 사용하는 요소를 만드는 것도 중요하게 고려되어야 한다. 관목 식재는 제한적으로 이용해야 유지 관리가 단순해지며, 치안 문제를 일으킬 수 있는 숨겨진 공간이 생기지 않는다. 형형색색의 꽃으로 된 패널, 조각상, 분수대와 같이 공간에 악센트를 주는 요소는 몇 개만 있으면 되고, 단순한 설계가 성공의 열쇠이다.

오픈 스페이스가 주요 도로의 경계를 따라 위치하거나, 특히 도심 중심지역의 입구에 위치하는 경우, 그것의 시각적 영향(visual impact)의 잠재력과 중요성을 잊지 않도록 한다. 이러한 위치에 있는 오픈 스페이스의 조경설계와 유지·관리를 높은 수준으로 수행함으로써 긍정적인 도심 이미지를 형성하고 도심 입구를 환영하는 분위기를 갖도록 할 수 있다.

넓은 가로수(boulevard) 길의 중앙분리대(median)와 길을 따라 조성한 공원 광장(park plaza)을 가로 패턴의 일부가 되도록 조성하면, 이들은 시각적인 쾌적성을 높여주고, 긍정적인 근린 정체성을 만들며, 도심 내 주거지역의 여가 공간으로 사용될 수 있다. 또한 이러한 녹지공간은 도심 주변의 주거지를 도심의 중심지역으로 연결하는 보행 연결로가 될 수 있다.

▲ 지난 10여 년간의 개선사업을 통해 센트럴 파크(Central Park)는 뉴욕시민들에게 더 매력적인 공간이 되었다. 가장 성공적인 공간 중 하나는 정적인 여가 활동, 피크닉, 일광욕을 위해 초원같이 조성한 쉽 메도(Sheep Meadow)이다.

▼ 찰스(Charles) 강변을 따라 있는 공원과 조경 처리된 공원도로는 매사추세츠주의 보스턴과 캠브리지를 가로지르는 인상적인 녹지체계의 일부분이다.

수변공간

중심부에 수변공간이 있는 도시는 특별한 오픈 스페이스를 만들 수 있다. 왜냐하면 수변은 사람들을 끌어들이는 자석(magnet)의 역할을 하고, 소중한 여가 자원이자 시각적 자원이 되기 때문이다. 또한 수변공간은 고급 민간 개발을 유치할 수 있는 장소를 제공한다. 시청의 토지이용 정책과 개발규제는 수변공간이 가지고 있는 경제적 개발의 잠재성을 충분히 살리며, 이 기회가 공공의 이용과 즐거움, 그리고 환경보호에도 기여하도록 수립되어야 한다.

수변공간 개발의 규모와 성격은 사람들의 접근과 조망을 차단하지 않도록 세심하게 계획되어야 하며, 특히 보행편의시설과 지표면 레벨에서 높은 수준의 공간 조성은 필수적이다. 활동과 연계된 수변 산책로를 조성하고, 민간 부문과 협력하여 반드시 수변으로의 공공 접근이용권을 확보하도록 한다. 수변 개발에는 선적인 경계가 생기기 마련인데, 이 경계를 따라서 간간이 공공 공간을 확보하여 시야가 트이도록 한다.

수변공간과 도심부의 상점가로 간의 매력적이면서도 분명하게 정의된 보행연결이 대단히 중요한데, 특히 수변공간의 매력이 도시 중심부와 연결되어 있을 경우에는 더욱 그러하다. 따라서 수변공간으로의 시각적이고 물리적인 접근로는 가로를 따라 이어져야 하고 이 가로는 수변의 경계에서 끝나야 한다. 또한 수변공간으로의 차량 접근성도 중요한데, 특히 비성수기 동안에는 차량 접근을 허용하는 것이 수변공간의 성공을 위해 중요하다.

실내 공공 공간

갤러리, 아트리움, 아케이드 같은 실내 공공 공간은 직장 근무자, 쇼핑객, 거주자, 방문객들에게 도시 중심부가 더 흥미롭고 즐길 만한 장소가 되도록 건물 내에 사회적 공간과 보행연결 공간을 제공한다. 조명, 식재, 물, 상점 전면부, 카페 같은 요소들을 잘 사용하면 이들 실내공간에 에너지를 불어넣어 각각의 실내 공공 공간이 시장경쟁력이

▲ 스위스 제네바의 선형 공원, 산책로(promenade), 자전거 도로는 시민들이 북측 주거지에서 도시 중심부로 걷거나 달릴 수 있게 해준다. 잘 유지 관리되고 있는 공원의 레스토랑과 카페는 제네바 호수를 향한 훌륭한 조망을 제공하고, 보트 정박지, 여가 시설, 화단은 주변 환경에 색채와 흥미를 더하고 있다.

▼ 오스트레일리아 시드니의 왕립식물원(Royal Botanic Garden)은 항구, 시드니 오페라 하우스, 그리고 하버 브리지(Harbor Bridge)를 내려다보는 위치에 있다. 도시 중심부에 위치한 이 공원은 온화한 기후에서 잘 자라는 이국적인 토종의 나무와 꽃들이 많이 있고 수변 산책로를 통해 오페라 하우스와 도시 중심부로 연결된다.

있는 정체성을 가지도록 할 수 있고, 결과적으로 도시 중심부에 새로운 차원을 추가한다. 가로로부터의 시각적 인지성과 접근성이 실내 공공 공간의 활발한 이용에 결정적으로 작용한다. 이상적으로는 실내 공공 공간이 외부공간과 가로에 직접적으로 연결되어 있어서 모든 공공 공간이 단일한 환경의 일부로 느껴지도록 만드는 것이 좋다.

공공 · 민간 혼성체^{Hybrids}

실내 공공 공간은 공적 공간과 사적 공간을 결합한 형태로 새롭게 나타나기도 한다. 전통적인 쇼핑 아케이드의 요소를 현대적인 업무건물의 입구 로비공간에 결합하는 형태는 성공적인 업무 및 혼합 용도 개발의 핵심적인 아이디어로 발전하였다. 이 새로운 공간은 공공적 요소와 민간적 요소를 적절하게 혼합하여 주로 앉을 자리, 분수대, 조경, 소비 활동을 제공하는 아트리움의 형태로 만들어진다. 아트리움을 도입하는 것은 임대자와 구매자들을 끌어들이는 데 경쟁력을 갖기 위한 것이지만, 이를 설치하는 민간 부문은 이 공간이 공적인 만남의 장소가 되도록 노력한다. 여러 가지 편의시설을 설치하고, 방해 요소로부터 보호하며, 연중 계속 사용할 수 있도록 유지하는 등의 노력이 그것이다 .

실내 공공 공간이 도시 중심부에 있는 사람들을 위한 장소라는 성격을 가지기 위해서는 그것들이 '공공적'으로 보이고 느껴져야 하며, 반드시 공공 영역의 일부분으로 설계되어야 한다. 또한 이러한 실내공간은 외부의 공공 공간에 대한 보완물이 되어야 하며 대체물이 되어서는 안 된다. 그러나 이들 실내공간과 그 진입부를 주의하여 설계해도 이 공간들은 여전히 일부 계층의 이용을 저해하는 걸러내는 효과(screening effect)를 만들어내는 경향이 있다. 실내에 아트리움을 갖추고 있으나 외부의 공공 영역과 적절한 연결을 갖지 못한 대형 소매상가의 경우 그 아트리움은 고객을 유치하는 데 도움을 주지 못한다.

▲ 오하이오주 클리블랜드에서 역사적으로 중요한 유클리드 애비뉴(Euclid Avenue) 아케이드(위)는 북미에 건설된 첫 번째 소매상가 아케이드 중 하나이다. 캐나다 토론토의 이튼 센터(Eaton Center) 소매점 갤러리아(아래)는 민간에 의해 설계되고 만들어졌지만 공공 공간의 기능을 하는 탁월한 사례이다.

원하지 않는 효과 피하기

건물 내부에 만들어지는 공공 공간은 가로의 보행 활동을 실내로 유도하여 보행자가 거리보다 건물 내부에 머무르게 하지 않도록 설계되어야 한다. 도시 중심부에서는 건물 내부의 공공 공간이 여러 개의 출입구를 가져서 기존의 가로와 건물들을 잘 연결해야 하며, 이렇게 설계되면 실내 공공 공간은 도심 내 블록과 장소들 간의 지름길을 제공하면서 사람들이 잠시 머물고 사회적 접촉을 갖는 장소로서 기능할 수 있다. 종종 실내공간과 주차구조물을 잘 연계하는 것이 좋다고 생각하는데, 이러한 연계는 사람들이 도시가로와 보행 환경을 피하게 할 수 있기 때문에 주의깊게 제한할 필요가 있다. 이렇게 자동차와 실내공간 중심으로 설계하면, 방문자가 자동차로 도시 중심부에 나가도록 유도하고, 주차장과 건물로 된 하나의 폐쇄적인 공간에 들어가서 거리로 나가지 않을 가능성이 높다. 그러므로 도심부는 이러한 가능성을 줄이도록 설계되어야 한다.

설계 원칙

성공적인 실내 공공 공간의 설계 원칙은 다른 공공 공간들을 설계할 때 제기되는 쟁점과 다르지 않다. 설계 원칙은 다음과 같다.

❖ 건물 전면(facade)을 여러 층에 걸쳐 투명하게 하고 출입구를 쉽게 알아볼 수 있도록 하여 실내공간이 가로로부터 아주 잘 보이도록 한다.

❖ 사람들이 다른 사람들이나 주변의 활동 속에서 어디에 앉을지를 선택하여 앉을 수 있도록 다양한 선택 여지를 가진 충분한 앉을 자리를 만든다. 즉, 활동의 흐름 속에 배치하거나, 활동의 흐름과 떨어져 배치하거나 두 가지의 경우에 맞추어 고정의자와 유동의자를 제공한다.

❖ 인간적인 스케일로 조성되어 있고 쾌적하다는 느낌을 줄 수 있도록 조경 식재를 자유롭게 연출한다.

▲ 가장 성공적인 소매상가의 실내공간은 외부 환경에 시각적으로 연결되도록 설계되어 있다. 출입구와 소매점 상층부에 유리를 활용하는 것은 사람들이 외부공간에 있는 것처럼 느끼게 한다. 보스턴 백배이(Back Bay)의 이 소매상가는 코플리 스퀘어(Copley Square)의 공공 영역의 복원으로 더욱 활성화되었다.

◀ 베를린의 포츠다머 플라츠(Potsdamer Platz)의 소니센터(Sony Center)는 업무공간, 소매상가, 레스토랑, 오락공간, 콘도미니엄, 임대 아파트, 주차장을 제공한다. 도시 중심부에 위치하는 포츠다머 플라츠 프로젝트는 베를린의 경관을 극적으로 변화시켰으며 문화와 소비 활동의 중심지로서의 위상을 되찾는 데 선도적 역할을 했다.

▲ 덴버시 도심부의 민관협력체인 다운타운 덴버 파트너십(Downtown Denver Partnership)은 도시 중심부의 16번가 대중교통 회랑, 거리시설물, 기타 공공 공간의 관리와 유지를 책임지고 있다. 높은 수준의 유지 · 관리 덕분에 덴버 중심부를 포함하여 미국과 캐나다의 여러 도시 중심부에 대한 대중적인 인식이 바뀌었다.

▶ 워싱턴 D.C.의 영업활성화지구(Business Improvement District) 담당 사무직원(좌)이 관광객들이 관광명소, 상업시설, 대중교통에 관한 정보를 찾는 것을 도와주고 있다. 사우스 캐롤라이나의 콜롬비아(우)의 시티 센터 파트너십(City Center Partnership)은 더 깨끗하고, 더 안전하고, 더 잘 관리되는 도시 중심부를 만든다는 목표 아래 도심을 순찰하며 방문자를 환영하고 안내하는 팀(hospitality team)을 만들었다.

❖ 천공광(skylight), 투명한 입면, 높게 설치된 창(clerestory window)을 만들어 자연 채광을 최대한 들여오고 공간 전체에 조명 효과를 준다.

❖ 실내공간의 폭보다 높이를 크게 하여 수직성을 강조하도록 설계한다. 이상적으로는 인접한 건물의 2-3개 층이 실내 공공 공간에 개방되어 있는 것이 바람직하다.

❖ 실내 공공 공간의 경계부에는 식음료 판매, 신문가판대, 소매점 같은 공공 이용과 활동이 일어날 수 있도록 처리한다.

❖ 실내 공공 공간을 외부의 공공 공간과 보행체계와 연결시킨다.

공공 공간의 관리와 유지

특별 이벤트의 개최를 포함하여 도심공간의 관리는 중앙집중방식이 좋다. 그래야 사람들을 끌어들이고, 활력 있고 역동적이며 흥미로운 장소로 도심부를 만드는 능력이 커질 것이다. 많은 미국 도시에서 도입하고 있는 '영업활성화지구(Business Improvement Districts: BIDs)'는 시청과 상인이 협의하여 지구를 지정하고, 상인들이 협의회를 결성하여 중앙집중방식으로 해당 지역을 관리하고 있다. 이를 통해 높은 수준의 유지·관리가 지속적으로 확보되는데, 깨끗하고 잘 관리된 공공 공간은 고품질의 이미지를 유지하면서 활성화에 도움이 되는 용도를 유치한다. 공공 공간의 이용 패턴을 정기적으로 재평가하여, 원래 디자인이 효과적으로 작동하는지 점검하고, 고치고 보완할 것은 제때에 수행함으로써 사람들이 이용하고 즐기는 데 지장이 없도록 한다. 유지·관리 프로그램은 필요할 때마다 검토하고 수정해야 하지만, 좋은 설계와 양질의 내구성 재료에 투자하는 것이 유지 관리 문제를 최소화하는 최선의 전략이다.

07

보행 영역

가로와 보도, 그리고 중요한 공공장소는 도시에서 가장 필수적인 기관이다.

ㄴ제인 제이콥스

Streets and their sidewalks, and main public places of a city, are most vital organs.

—Jane Ja

보행 영역
Pedestrian Realm

다양한 용도를 집중적으로 유치하여, 이들 용도들 간에 경제적인 상호작용을 촉진하기 위해서 도심의 핵심 중심부 전체에 걸쳐 보행 흐름이 일어나도록 해야 한다. 결론적으로 말해서 도심 재생계획의 핵심 요소는 매력적인 보행연결 시스템을 구축하는 것이다.

도시 중심부의 보행 시스템 계획은 중심 뼈대(central spine)를 파악하고 이를 개선하는 것에서 시작한다. 이 보행의 중심 뼈대는 바로 가로(street)로서, 가로는 이미 소매상가 활동이 가장 많이 집적되어 있고, 앞으로 새로운 소매상가 용도가 입지해야 할 곳이다. 그러나 성공적인 도심지역은 하나 이상의 보행 중심 쇼핑가로(pedestrian-oriented shopping street)를 가지고 있어야 하며, 주요 활동 거점들 사이를 연결하고, 아울러 주요 활동 거점과 중심 뼈대가 되는 가로를 연결하는 보행연결 시스템이 필요하다.

시스템 구성 요소

도심부 보행 네트워크의 주된 요소는 가로(street)에 있어야 한다. 이때 가로는 차선을 포함하는 도로공간을 의미하며, 차량과 통행로를 공유한다. 가로를 따라 연결망을 짜는 것이 보행 네트워크를 만드는 가장 실제적이고 비용 효율이 높은 접근 방식이다. 왜냐하면 이 방식은 기존의 개발 패턴으로 만들어진 틀 안에서 작동하며, 업무·상업 활동의 가시성을 유지하고, 가로를 폐쇄할 필요성을 제거하기 때문이다.

대부분의 도시 중심부의 보행 시스템은 도로를 공유하면서 가로를 따라 형성되기 때문에, 보행 시스템은 중심 간선가로, 주요 연결가로, 보조 연결가로, 블록 통과가로 등 도로의 위계질서와 조화되어 계획되어야 한다.

중심 간선가로 The Spine

대부분의 도시에서 도심부의 중심 간선가로는 보행자와 차량 교통을 모두 수용한다. 때로는 대중교통회랑(transitway)이나 보행몰(pedestrian mall)로 조성되기도 한다. 그러나 모든 경우에 있어서 이 중심 간선가로는 반드시 도심부의 상업 활동이 집중되고 가로경관이 특별히 관리된 주요한 회랑으로서 손쉽게 읽혀져야 한다. 중심 간선가로는 도심부 내에서 소매상점 입지에 최고의 위치이고, 보행 시스템에서 가장 풍부하게 설계된 요소들로 돋보이며, 도심부의 이미지를 그려내고 활동의 초점이 되어야 한다.

이상적으로는 중심 간선가로의 양 끝에 주요한 활동결절점(anchor)이 위치해서 가로 전체에서 보행량을 최대화하고 매력적인 소비 활동의 여건을 만들어내는 것이 좋다. 규모가 큰 도시의 경우에는 중심 간선가로를 따라 다수의 활동결절점이 연이어 연결되기도 한다. 도심부의 중심 간선가로는 상업, 업무, 호텔, 위락, 주거의 용도가 균형 있게 혼합되어 활동의 순환이 저녁과 주말까지 이어질 수 있도록 해야 한다. 또한 중심 간선가로에는 노점, 카페, 야외 공연/전시가 우선적으로 배치되어야 하고, 포장과 가로경관, 공공 예술, 분수대와 같은 물 요소에 대해 특별하게 디자인해야 한다.

주요 연결가로 Primary connectors

주요 연결가로는 보행자들의 주요 통로로서 기능하는 가로이다. 가로의 명칭이 의미하듯이 주요 연결가로는 물리적으로 도심부의 여러 활동과 편의시설 간의 일차적인

▲ 도시 중심부의 중심가로를 따라서 양질의 보행 환경을 만드는 것은 도심의 물리적이고 경제적인 재생에 기여하는 것이다. 시카고의 경우 노스미시건대로(North Michigan Avenue)는 가로경관 조성과 계절의 변화를 보여주는 식재를 통해 가로의 소비 활동과 상업 활동을 위한 수준 높은 이미지를 만들어냈다.

▼ 야외 카페는 도시 중심부에서 보행로를 풍성하게 하고 활기차게 만든다. 캐나다 토론토의 이 가로는 레스토랑이 가로의 일부를 야외 카페로 사용할 수 있도록 허용되었을 때의 분위기를 보여준다. 대부분의 도시가 이러한 가치 있는 공공 공간의 이용에 대한 임대 수익을 받고 있으며, 보행 영역을 유지하고 향상하는 데 사용되도록 기금을 제공한다.

연계를 제공하며, 이들 가로의 경관조성을 통해 도심지역의 명확한 시각적 구조를 만들어낸다. 중심 간선가로와 마찬가지로 주요 연결가로도 보행 활동을 활성화하도록 설계되어야 한다. 그렇게 하면 주요 연결가로는 도심부 핵심지역(core area) 주변의 여러 부분지역(subdistrict)에 위치한 편의시설들의 연결축이 되면서, 민간 개발과 새로운 개발을 유도하는 촉매제 역할을 할 수 있다.

보조 연결가로 Secondary Connectors

보조 연결가로는 도심부 내에서 중심 간선가로와 주요 연결가로를 제외한 나머지 가로에 해당하며, 대체로 서비스 간선, 대중교통회랑, 주요 주차공간으로의 접근로로 사용된다. 비록 보행 순환을 위해서는 중심 간선가로나 주요 연결가로보다 덜 중요한 가로이지만, 보조 연결가로의 가로 환경은 보행자에게 최소한의 편안함을 주도록 조성되어야 한다.

블록 통과가로 Through-Block Connector

블록 통과가로는 가로로부터 블록을 가로지르는 지름길 역할을 하는 보행연결로이다. 이 보행로는 중심 간선가로와 주요 연결가로를 보완하고 강화할 수 있는데, 이들을 수직으로 교차하면서 이들 간을 연결할 때 가장 효과적이다. 블록의 길이가 길게 개발되어 있는 도시 중심부의 경우, 블록 통과가로는 이동을 편리하게 하므로 보행 시스템의 중요한 요소가 된다. 이들은 주차공간과 주요 상업가로 간의 연결가로의 기능을 갖기도 한다. 이러한 블록 통과가로는 도시 중심부의 경험에 질감, 풍부함, 다양성을 더해주며, 새로운 소매상점의 전면을 형성함으로써 중심부 내에서 상업 활동의 잠재력을 확장할 수 있다.

◀ 중심 간선가로는 대규모 도시의 중심지역에서와 마찬가지로 작은 도시에서도 활기찰 수 있다. 이는 양질의 보행 환경을 조성함으로써 가능한데, 양질의 보행 환경은 도심부에 소매점을 유치하고 상점 전면을 꾸미는 민간 투자를 촉진시키는 효과를 발휘한다.

▼ 버지니아 노포크(Norfolk, Virginia)의 역사적인 아케이드는 도시 중심부의 중요한 두 개 가로 사이의 블록을 관통하면서 두 길을 연결하고 있는데, 업무지구와 수변공간의 목적지에 이르기 위해 많은 사람들이 사용한다. 대부분의 블록 통과가로는 소매상가 아케이드로 설계되지만 적절한 수준의 보행량이 없다면 소매상가 용도를 유지하기 어려울 수 있다.

설계 고려 사항

도시 중심부의 보행 시스템의 구성 요소를 설계하는 데 있어서 주된 고려 사항은 가로 환경을 어떻게 이용할 것인지이다. 가로경관은 보행 활동을 위해 매력적이고 편안하게 조성되어야 하며, 차량과 보행이 동시에 일어나는 도로에서는 보행 활동을 위한 공간이 적절히 확보되어야 하며, 도로와 도로변 개발 사이에 긍정적인 상호관계가 만들어져야 한다.

가로경관

중심 간선가로와 주요 연결가로의 가로경관은 환영하는 분위기와 편안한 보행 환경을 만들 뿐 아니라, 통합된 이미지를 가져야 하고 도시 중심부에 대한 시각적 구조를 정의할 수 있어야 한다. 단순성(simplicity)과 일관성(consistency) 있게 설계하는 것이 성공의 핵심이다. 단순한 설계 개념을 양질의 재료를 써서 실현하면, 유지 관리 측면에서나 시각적 호소력 측면에서 지속적으로 최선의 결과를 얻을 수 있다.

가로경관의 설계는 가로공간의 선적인 연속성을 강조해야 하며, 융통성 있게 가로를 사용할 수 있는 가능성을 높여야 한다. 가로경관은 시각적으로 만족스럽게 조성하되, 상점 전면의 시각성과 매력으로부터 눈길을 다른 곳으로 빼앗지 않도록 상행위를 위한 매력적인 전경을 만들어주어야 하며, 도심에서 일어나는 다른 활동들을 위한 무대를 만들어주어야 한다.

보행로의 폭

중심 간선가로와 주요 연결가로를 따라 설치된 보행로의 폭은 20피트(6미터)가 바람직하다. 이 폭은 12피트(3.7미터)의 보행자 구역(pedestrian zone)과 8피트(2.4미터)의 편의시설 구역(amenity zone)으로 구성된다. '보행자 구역'은 사람들이 상점 전면에서 진열장 안을 들여다보는 활동과 그냥 지나가는 활동을 수용하고, '편의시설 구역'은 차

▲ 독일 뒤셀도르프(Dusseldorf)의 보행자 중심 가로는 가로경관 설계에 있어서 단순성과 일관성이 어떻게 수준 높은 쇼핑 경험에 기여하는지를 보여준다(위). 가로경관 요소들, 식재, 벤치, 꽃들은 종종 차도 가장자리의 식재 구역에 위치하여 편의시설들이 상점 전면부의 시계와 매력으로부터 눈길을 빼앗지 못하도록 한다(아래).

선의 연석(curb) 쪽의 공간으로 가로수, 가로등, 표지판 등 각종 보행편의시설을 설치한다. 20피트(6미터)의 보행로 폭을 확보하면, 앉을 자리, 야외 카페, 공공 예술품이 보행자 구역을 침해하지 않으면서 가로경관과 통합되도록 조성할 수 있다. 대중교통 수단이 위치하는 가로의 경우에는 대기하는 행렬을 위한 공간과 연석 쪽에 위치하는 정류장을 수용하기 위해 편의시설 구역에 10~15피트(3~4.6미터)를 추가해야 한다. 보행량이 적을 것으로 예상되는 곳, 즉 보조 연결가로나 작은 도시의 가로들의 경우 보행로의 폭이 14~16피트(4.3~4.9미터) 이상으로 너무 넓으면 중심부의 활력과 생동감이 희석될 수 있다.

보행로의 포장

중심 간선과 주요 가로를 일반 가로와 달리 특별하게 포장하는 것은 쾌적함을 느끼도록 하고 시각적인 풍부함을 더하는 데 큰 효과를 준다. 특별한 보도 포장이 일관되게 사용된다면 보행 시스템을 강화하는 시각적 연계 요소가 되기도 한다. 비록 보도 포장의 초기비용이 콘크리트로 만드는 공사 방식에 비해 훨씬 높겠지만 이러한 보도 포장의 내구성과 효과는 비용에 대한 보답이 될 것이다. 중요한 것은 모든 보도 포장에 해당되는 가장 중요한 원칙을 지키는 것이다. 그 원칙이란 보도는 어떠한 날씨에나 모든 연령대의 사람들이 어떤 종류의 신발을 신고도 걷기에 편해야 한다는 것이다. 다시 말해 평탄하지 않은 포장, 지나치게 낮은 연석(curb), 단차(step)는 보행자를 위험하게 만들고, 보행자가 걷고 싶은 마음이 덜 들게 한다.

한 가지 종류의 특별한 포장 재료가 모든 보행 네트워크에 걸쳐 사용되도록 선정되어야 한다. 특별한 포장 재료는 중심 간선가로를 따라 상점 전면부에서부터 연석에 이르는 보도의 전부에 사용할 수도 있고, 또는 보행자 구역이 콘크리트로 포장되었다면 편의시설 구역에 콘크리트 보행자 구역을 보완하는 악센트로서도 사용할 수 있다. 모든 보조 연결가로에는 평범한 콘크리트 포장을 추천한다. 특별한 포장은 보행자 횡단보도에도 사용될 수 있는데 운전자들에게 잘 보이도록 하기 위함이다. 추운 기후에

▲ 많은 도시들이 도시 중심부의 보행로에 콘크리트와 점토 포장 재료를 사용할 때의 장점을 발견해왔다. 워싱턴에서는 기존에 조성된 콘크리트 보도를 보수할 때는 단변 2피트(0.6미터)에 장변 3피트(0.9미터)의 포장 블록으로 대치하도록 되어 있다(위). 시카고의 스테이트길(State Street) 바닥 포장에 사용된 패턴과 색채는 이 상업가로의 보행 활동을 활성화하고 있다(아래).

는 제설 장비가 횡단보도의 모듈식의 포장에 손상을 입히지 않는지 각별히 주의를 기울여야 한다. 가장 성공적인 보행자 횡단보도는 유럽 전역에서 사용되는 방식인데 운전자의 주의를 끌도록 가로 포장에 강한 줄무늬 패턴이 있다.

식재

지붕 모양(canopy)으로 우거진 가로수 식재는 도심부의 가장 중요한 가로경관 요소 중 하나이다. 이들 가로수는 운전자의 시야에 일관되고 수준 높은 전경을 형성하고, 차량이 다니는 차선과 보행자 구역을 분리하는 역할을 한다. 게다가 가로수는 그늘을 제공하고, 위압적인 대규모 건물의 스케일을 누그러뜨려 인간적으로 만들고, 상점 전면으로의 시야를 가로막지 않으면서 보행의 편안함을 향상한다.

보행로와 연접한 차로와의 분리를 확실하게 하기 위해 기단이 높은 화분이 다양하게 사용되었지만, 이는 보행자들을 위한 공간을 제한하고 가장자리의 편의시설 구역에서의 다양한 이용의 가능성을 제한한다. 이에 더해 기단이 높은 화분은 보행자로 하여금 가로를 어수선하게 느끼게 하고, 가로 조성공사와 유지·관리 비용이 더

▼ 워싱턴의 펜실베이니아 애비뉴(Pennsylvania Avenue)(좌)를 따라 생긴 넓은 건축선 후퇴공간은 2열의 가로수를 위한 공간을 제공하고, 노점상과 야외 카페도 수용할 수 있는 자리도 제공한다. 파리 스타일의 벤치와 다채로운 포장이 이 기념비적인 가로에 풍부함을 더한다(우).

든다. 그러므로 기단이 높은 화분의 사용은 권장되지 않는다. 다만 지표면 아래 송전선이나 시설물이 묻혀 있어 그 위에 화분을 설치하는 것 외에는 달리 식재 구역을 확보할 수 없는 경우에 한해 사용될 수 있다. 만약 다채로운 색깔의 꽃 악센트가 가로경관의 일부로서 필요하다면 가로 가장자리에 일정한 간격을 두고 이동 가능한 화분으로 조성할 수 있다. 그러나 이에는 계절에 따른 식재와 유지 관리를 위한 적정한 예산이 매년 확보되어야 한다.

가로시설물

도시 중심부 전역에 걸쳐 잘 설계된 가로시설물을 배치하는 것은 도심을 하나의 주제로 통합시키는 데 도움이 된다. 그러므로 도심 재생계획을 세울 때는 반드시 가로등, 앉을 자리, 쓰레기통, 신문자동판매기, 이동식 화분, 정류장, 가로수 보호 장치, 노점상 수레 등 가로시설물에 대해 이것들을 선택하고 사용하는 기준을 제시하도록 한다. 또한 그 기준은 규제표지판과 방향표지판이 시각적으로 부정적 영향을 미치는 것을 최소화하면서도 가독성은 높아지도록 그 설계와 설치 위치에 대한 기준도 포함해야 한다. 더불어서 조각, 벽화, 현수막과 같은 공공 예술품의 이용과 위치에 관한 기준을 수립하는 항목도 포함하도록 한다.

보행자 척도에서 가로등은 12피트(3.7미터) 높이 기준을 갖추어야 하는데, 보행로를 따라 수준 높은 편의시설을 만들고자 하는 곳은 어디에나 사용되어야 한다. 좀 더 낮고 인간 척도에 가까운 조명을 위해서는 교차로 가로등 사이에 평균 높이의 가로등을 배치하여 통일된 조명 수준을 확보하도록 한다. 이러한 조명 방식은 눈부심이나 반사 현상이 없어서 안전성을 높여줄 것이다.

앉을 자리를 잘 설계하여 많이 설치하는 것은 보행자의 편안함을 높이는 데 중요하지만, 차선에 접한 연석에 가까이 앉을 자리를 설치하는 것이 항상 최선이라고는 볼 수 없다. 버스 정류소와 야외 카페를 제외하고는, 차선으로부터 물러나고 보행로에 면한 지역이 연석 옆의 편의시설 구역보다 앉을 자리로서는 더 매력적인 위치이다.

건물, 광장, 공원 설계의 일부분으로서, 앉을 기회는 걸터앉을 수 있는 돌출물(ledge), 계단, 낮은 벽체, 이동용 탁자와 의자, 일반적인 벤치를 활용하여 제공될 수 있다.

가로변의 앉을 자리는 보행자 편의시설 구역에 충분한 공간을 확보할 수 있는 경우 차로와 직각으로 벤치를 정렬할 때 가장 좋다. 이 정렬 방식은 사람들로 하여금 보도와 차도 모든 방향으로 관찰의 기회를 제공한다. 그러나 보행자 구역에 등을 돌리고 차도를 향해 놓인 벤치는 단지 대중교통 이용자에게만 유용할 뿐이다. 벤치는 편안함과 내구성을 함께 갖추도록 나무와 철제를 결합하여 만든 것이 좋다. 앉을 자리는 가능한 한 최상의 품질을 사용하도록 한다. 품질이 좋은 벤치를 구매하기 위한 기금이 없을 경우에는 아예 가로에 벤치를 두지 않는 것이 더 좋을 수도 있다.

보행자 전용가로Dedicated Pedestrian Streets

1960년대에 많은 건축가와 계획가들은 보행자와 차량 흐름의 완벽한 분리가 사람들에게 가장 매력적인 환경을 만들고 도시 중심부의 소매상가에 대한 최선의 지원이라

▼ 영국 요크(York, England)의 좁은 보행로(좌)는 공간의 규모, 소매점의 존재감, 수준 높은 역사적 건물들 덕분에 매력적이다. 독일의 베이루스(Bayreuth, Germany)(우)에서 넓은 가로는 상품시장, 노점상, 야외 카페를 위한 공간을 제공한다. 이러한 보행자 전용가로에서 벌어지는 활동들과 프로그램으로 짜인 이벤트는 이 공간의 성공 여부에 중요하다.

고 믿었다. 영국과 유럽 대륙, 오스트레일리아의 도시들은 확장하는 도심부 소매상가를 지원하기 위해 보행자 전용가로를 만들었다. 북미에서 보행자 몰은 소매점들이 집적된 지구의 쇠퇴를 구하기 위해 도입되었지만 보행편의시설과 무료 주차를 제공하는 교외의 쇼핑몰과 경쟁할 수 없었다.

　그러나 이후에 이어진 사람들이 어떻게 도심 공간을 사용하는지에 관한 다수의 연구는 차량 교통의 배제나 차량과 보행 시스템의 분리는 반드시 필요한 것이 아니며, 심지어 바람직하지도 않을 수도 있음을 보여준다. 사실상, 특정한 가로로부터 모든 차량 교통을 배제한다거나, 아니면 반대로 가로는 차량에게 내어주고 보행 흐름을 위한 분리된 공중보행로(skywalks) 체계를 만드는 것은 역효과를 낳을 수 있다.

▼　캘리포니아 산타모니카(Santa Monica, California)의 제3가 산책로(The Third Street Promenade)는 전통적인 가로의 수준, 인간 척도의 감각, 공공 교통 우선 통행권의 선적인 연속성을 강조하도록 설계되었다. 로스앤젤레스로부터 오는 수천 명의 사람들이 이 훌륭한 보행로에 매료되는데, 이 가로는 거주자와 방문자에게 소매상가와 위락공간의 흥미로운 혼합을 보여준다.

도심부의 소매상가 가로축을 막아 차량이 접근하지 못하도록 하여 보행전용로로 전환하는 것은 도시 중심부의 소매상가 용도를 어떻게 강화할 것인가라는 더 광범위한 경제적 문제에 대한 부적절한 대응이다. 이러한 노력이 종종 실패하는 이유는 사람을 위한 장소로서 도심의 정체성을 개선해야 한다는 생각 그 자체에 있는 것이 아니라, 그것을 실행함에 있어 도심부 상업의 재생에 요구되는 기본적인 요건들을 무시했기 때문이다. 그 기본 요건들은 다음과 같다.

❖ 더 많은 사람들을 중심지역으로 끌어들일 수 있는 새로운 도심 활동 유발 요소(new activity generator)를 마련한다. 그것은 새로운 시장수요를 창출하는 기반이어야 한다.
❖ 근교 쇼핑센터에 대해 더 경쟁력 있도록 상품을 혼합, 다양화(merchandising mix) 한다.
❖ 모든 용도들 간의 시장 시너지를 촉진할 수 있도록 도심부 내 모든 주요 활동 유발 요소(major generators)를 연결한다.
❖ 몰이 만들어지면 가로 접근성(accessbility)과 가시성(visibility)이 제거되는데, 이를 놓치지 말고 확보한다.

보행자 몰 개념은 쇼핑객들을 끌어들이기는 했지만, 몰의 토지이용과 소매점 혼합이 약하기 때문에 쇼핑객들을 다시 오도록 하는 데는 실패했다. 많은 보행가로도 실패하는데, 대부분 가로 설계(특히 이전에는)가 도시 가로의 독특한 개성을 무시했기 때문이다. 가로의 전통적인 건물, 인간 척도의 감각, 공간적 위요감과 선적인 연속성을 강조하는 대신에 종종 근교 쇼핑센터의 공공 공간의 특징 요소를 취하였다. 이것들은 둔덕(berms), 비정형적인 식재공간, 기단이 높은 화분, 고정된 의자, 분수대, 어린이 놀이용 조각품 등이며 이들을 가로공간을 채우는 것으로 활용한 것이다.

가로에 차량 진입을 막고 보행공간을 만드는 경우 종종 스케일의 문제가 나타난다.

전통적인 쇼핑지역과 비교해볼 때, 차량이 배제된 보행로는 활력 있고 보행 활동으로 부산하기보다 오히려 보행량이 적을 경우 가로가 비어 보이고 스케일이 맞지 않는 경향을 보인다. 많은 보행로들이 더 섬세한 설계 차원에서 실패하고 있는데, 이는 다양한 기능을 갖는 용도를 수용하기 위해 필요한 공간의 유연성을 떨어뜨리는 포장 재료, 가로시설물, 식재 처리 때문이다. 이는 시각적으로 어수선한 분위기를 만들고 내구성을 갖고 유지 · 관리도 효율적이어야 한다는 목표를 소홀히 하는 것이다.

교외지역에 적용하는 설계 개념을 도시 중심부에 적용하는 것은 필연적으로 실패하게 되어 있다. 왜냐하면 이러한 설계는 도시가로를 매력적이고 사회적인 공간으로 만드는 본질적 특성을 인식하지 못하기 때문이다. 대부분의 미국 도시에서 시청과 토

▼   샌프란시스코의 이 보행교는 전통적인 가로의 모습과 분위기를 갖도록 설계되었다. 카페의 테이블과 의자가 나와 있고 다채로운 색상의 화분이 보행로에 놓여서 두 개의 이중 구조로 된 보행 광장을 가로지를 때 긍정적인 경험을 갖게 한다. 날씨가 좋은 곳에서 보행교는 훌륭한 개방된 옥외공간이 되며 굳이 덮을 필요가 없다.

지 소유주들이 접근성과 가시성의 중요성을 새롭게 인지함에 따라 이전에 만들었던 다수의 보행자 몰이 철거되었다. 이 실패는 도시 중심부의 보행 시스템 설계에 두 가지 중요한 교훈을 준다.

❖ 만약 도입하고자 하는 해결책의 성공에 기여한 기본적인 여건들이 도시 중심부에 분명히 갖추어져 있지 않다면, 모방적인 해결책을 도입하는 것은 위험하다.

❖ 도심부의 공간적인 특성과 자원들은 그러한 외부 해결책의 도입 없이도 중심부의 정체성, 장소성, 경쟁력을 향상시킬 수 있다.

공중보행로 시스템 Skywalk Systems

1970년대에 혼잡한 도심부에서 차량과 보행자 동선 간의 갈등을 줄이는 인기 있는 전략은 지면에서 분리된 공중보행로 시스템이었다. 이렇게 제안된 해법은 특정 가로에서의 차량을 제한하지 않고 보행자에게 통행 우선권을 주었으나, 대부분 보행자를 가로로부터 들어올려 건물의 상층부로 연결된 공중보행로로 유도하는 것이 되어버렸다. 지면에서 분리된 시스템은 터널의 형태가 될 수도 있는데, 다른 방법으로라면 얻기 어려운 장점을 가지고 있다. 예를 들면, 보행자의 안전성 측면에서 장점이 있고, 겨울에 추운 북부 도시들의 경우 기후가 통제된 실내 보행연결로를 제공하는 것 등이다. 그러나 지면에서 분리된 시스템은 대체로 이러한 장점을 상쇄하는 심각한 약점이 있다. 그 약점은 다음과 같다.

❖ 지면과 분리된 시스템의 개발은 거의 항상 민간 토지 소유주가 자신들의 건물 사이나 내부에 공공 회랑을 만들고자 하는 의지가 있고 건설비용도 부담할 용의가 있을 때 결정된다. 이 때문에 종종 핵심 연결 부분이 제때에 개발되지 않을 수 있으며, 어떤 구간에서는 공공의 접근이 제한되기도 한다.

❖ 가로에서 공중보행로 시스템으로 접근하는 문제, 출입구의 가시성 문제, 높이 차이를 가진 건물들 사이를 연결해야 하는 문제 등 공중보행로는 상당한 문제를 제기할 수 있다. 적절한 접근성이 확보되지 않으면 전체 시스템의 이용은 제한될 것이다. 또한 수직적 연결을 위해 반드시 에스컬레이터나 엘리베이터를 설치해야 한다. 다수의 도시들이 공중보행로를 철거하였는데, 이는 에스컬레이터와 엘리베이터를 가동하는 설비 시스템을 운영하고 유지하는 데 비용이 많이 들기 때문이다.

❖ 오래된 역사적 건물에 공중보행로가 추가되면 건축적 원형을 유지하기가 매우 어렵다. 또한 공중보행로가 가로를 건너지르는 고가교(skywalk bridge)는 가로를 따라 생기는 시각회랑(view corridor)을 가로막으며, 도심 내 여러 부분지역과 보행결절점 간의 연결을 사람들이 인지하는 것을 어렵게 하고, 전체적으로는 도심부의 도시적 개성이 시각적으로 통합되는 것을 방해한다.

❖ 공중보행로 시스템은 치안(security) 문제를 가진다. 일부 구간은 가로로부터 인지되지 않을 수 있고, 상점 전면부에서의 활동이 뜸할 수 있다. 그렇기 때문에 이러한 구간에서는 순찰이 허술할 수 있으며 보행자가 그들 자신이 얼마나 안전한지 알기 어려울 수도 있다. 만약 안전 수준이 낮다고 느껴지면 사람들은 공중보행로 시스템을 사용하지 않을 것이다.

❖ 지면에서 분리된 공중보행로 시스템의 개발을 반대하는 가장 강력한 주장은 이 시스템이 가로 환경의 활력을 차츰 무너뜨린다는 것이다. 공중과 지하 보행로 시스템은 가로로부터 소매상가 활동과 보행 활동을 뺏어오는 경향이 있는데, 이는 도시 중심부에 활기찬 분위기와 활력을 주던 가장 큰 잠재력 요소를 고립시키고 외면하는 것이 된다.

▲　대부분의 고가보행교는 업무건물/소매상가와 주차장 간에 기후가 통제된 연결로를 확보하기 위해 만들어졌다. 아이오와의 시더래피즈(Cedar Rapids, Iowa)(위)와 미네소타의 미니애폴리스(Minneapolis)(아래)의 사례는 이들이 도시 중심부의 공중보행로 시스템의 일부임을 보여준다. 이렇게 상호 연결된 공중보행로는 미국 북부 도시들에서 광범위하게 사용되고 있지만, 가로 레벨에서의 소매상가 영업을 위축시킨다.

만약 보행자 관련 용도의 강도와 소매상가 확장의 잠재력이 아주 강력하지 않다면, 가로 레벨과 공중보행로 (또는 지하층) 모두에서 상업 활동이 활발하게 일어나는 것은 어렵거나 불가능하다. 따라서 공중보행로 시스템은 궁극적으로 더 나은 가로 환경을 만드는 목표를 약화시킬 수 있다. 특히 가로 활동의 강도가 이미 낮은 도시에서는 특히 취약하다. 큰 도시에서조차도 가로와 공중보행로 시스템 모두에서 지속적인 활동을 지원하는 데 필요한 보행자 관련 용도의 양은 대체로 도심부의 작은 부분에서만 발견될 뿐이다.

도심부 계획에서는 공중보행로나 터널로 보행과 차량의 흐름을 분리하는 대신 보행과 차량이 공유할 수 있는 회랑을 중요시하고, 보행자와 차량 간의 적절한 균형을 수립해야 한다. 이것은 간선 가로와 주요 연결 가로에서는 보행자에게 우선권을 주고, 도심부의 모든 다른 가로에서도 최소한의 보행편의시설이 확보되어야 한다는 것을 의미한다.

▼ 도시의 대표적 가로를 따라 만들어지는 시각회랑은 도로 위에 만드는 고가보행교에 의해 차단될 수 있다. 노포크(Norfolk)와 시더래피즈(Ceder Rapids)의 고가보행교(좌. 우)는 자동차 운전자들이 도시 중심부로 진입할 때에 접하는 중요한 이미지를 갖는 가로 위를 가로지르는 예이다.

08

차량 **동선**

우리가 배워야 할 첫 번째 교훈은, 도시란 자동차의 끊임없는 통행을 위해서가 아니라 인간의 안위와 문화를 위해 존재한다는 것이다.

– 루이스 멈퍼드

And the first lesson we have to learn is that a city exists, not for the constant passage of motor cars, but for the care and culture of men.

—Lewis Mumford

08
차량 동선
Vehicular Circulation

도심부가 하나의 시장(market)으로서의 유인력을 강화하고 기존 용도와 새로운 용도를 지원하기 위해서는 차량과 대중교통이 도심부에 효율적으로 접근할 수 있도록 전략을 수립해야 한다. 그러나 이러한 전략들은 보행 환경과 타협하는 것이 아니라 반드시 보행 환경을 강화해야 한다.

흔히 피크 시간대의 도심부 핵심지역은 차량통행과 대중교통 이용이 몰려 차량에 압도당하게 되어 가로의 보행 활동의 연속성과 보행 경험의 질을 약화시킨다. 그러므로 차량 접근, 대중교통, 주차 시스템을 서로 연계하여 통합적으로 관리하는 데 특별한 주의를 기울여야 한다. 그럼으로써 도심부의 개발 패턴이 조밀하고, 서로 잘 통합되면서, 보행 지향적이 되도록 한다.

차량, 대중교통, 보행자의 필요 간의 균형을 맞추기 위해서는 타협이 불가피하며 때로 어려운 선택을 해야 할 수도 있다. 그러나 이러한 선택은 반드시 계획적인 조정을 통해 결정해야 한다. 도심부 교통과 관련하여 제안되는 여러 가지 시책들은 시장 상황이나 도시설계 비전에 비추어 타당성을 가져야 하며 도심부계획과도 정합성을 가져야 한다. 이를 보장하기 위해서는 이들 제안에 관련된 지방정부, 지역정부, 중앙정부 간의 긴밀한 협력이 요청된다.

차량교통의 위계

양질의 보행 환경과 편리한 차량 및 대중교통 접근 간의 균형을 맞추는 최선의 방법은 가로에 위계를 부여하여 서로 다른 역할을 할 수 있도록 하는 것이다. 예를 들어 가로는 주요 간선도로(major arterials), 집산연결도로(collectors), 대중교통로(transitways), 국지접근도로(local access streets) 등으로 역할을 구분할 수 있다.

　가로에서 보행자와 차량 간의 공간을 분리하는 방식은 이들 도로 위계에 따라 다소 달라질 것이다. 가령, 가장 많은 교통량을 수송하는 주요 간선도로는 차선과 나란히 보행공간을 확보하고 횡단보도도 놓을 수 있다. 그러나 간선가로에서 주로 고려해야 할 사항은 자동차 교통 흐름의 안전성과 효율성일 것이다. 간선도로에 비해 집산연결도로는 보행 기능을 상대적으로 더 중요하게 지원해야 한다. 그러므로 간선도로에 비해 차량과 보행자 사이에 더 균형 잡힌 공간 구분이 필요하다. 중심 보행축과 국지접근도로는 도심부의 보행 네트워크에 가장 중요한 요소이다. 이들 가로의 설계는 적절한 스케일과 풍부한 편의시설을 제공하는 데 최우선을 두어야 하는데, 이는 도심 내에서 가장 중요한 공공 공간을 사람 중심의 장소로 조성하기 위한 것이다.

　도심부에서 가로의 기능적인 위계는 가로경관의 처리를 이에 맞게 처리함으로써 시각적으로도 나타나야 한다. 가로경관 개선 프로그램을 이러한 위계를 고려하여 수립하면 도심부의 물리적 구조가 더욱 명확해지고, 시각적 연속성이 확보되며, 도심부의 이미지가 더욱 독자적인 정체성을 가지도록 기여할 수 있다.

　차량 동선체계를 개선하기 위한 계획을 수립하는 데 있어서는 다음의 목표를 따르도록 한다.

❖ 도시 중심부로의 훌륭한 차량 접근성을 제공하도록 한다.
❖ 통과 교통은 집중 개발된 중심지를 피해 그 주변으로 유도하고, 도심부 내에서의 교통은 주요 주차시설과 연결한다.

▲ 시카고의 스테이트 스트리트(State Street, Chicago)는 중심 보행축이면서 주요 집산연결도로인데, 가로경관 처리와 넓은 보도 때문에 소비 및 상업 활동을 위한 양질의 환경을 제공하고 있다. 이 길은 6차선으로서 시카고시의 중요한 이미지 회랑(image corridor)인데, 차량 통행에 쓰이는 포장된 부분이 상당히 넓은 편임에도 불구하고 보행자 체험을 약화시키지 않게 설계되어 있다.

◀ 독일의 비스바덴(Wiesbaden, Germany)의 중심 상업축도 도시 중심부의 주요 집산연결도로로 기능한다. 독일의 계획가와 교통 엔지니어가 협력하여 설계했는데, 차량 접근과 순환을 위해 도로를 조성하였지만, 차량 통행의 목적을 이루기 위해 결코 보행 환경을 위축시키지 않았다.

❖ 도심지 내에서 돌아다니는 차량 교통(local traffic)에 대해서도 편리한 접근성을 제공한다.

❖ 운전자가 방향감(orientation)을 가질 수 있도록 한다.

일단 위와 같은 목적이 이루어지면, 도시 중심부의 차량 순환의 효율성을 개선하기 위한 또 다른 계획들은 기존에 개발된 도시 조직의 일관성과 보행 환경의 질에 대한 영향을 고려하여 조심스럽게 평가되어야 한다. 가장 흔한 실수는 중심부가 사람들을 위한 매력적인 장소가 되게 하는 바로 그 매력을 희생시키면서 최적의 자동차 순환의 장소로 대체하는 것이다.

주요 간선도로

주요 간선도로는 도심부로 들어오는 주 출입구이며, 도심 내 핵심 중심부와 그 주변의 부분구역으로 효율적인 접근성을 제공해야 한다. 따라서 주요 간선도로의 설계는 자연스럽게 운전자에게 적합하도록 맞추어지는데, 수송 용량, 효율성, 주행 안전성, 시각적 연속성 등이 우선적으로 고려된다. 도심부의 주요 관문으로서 간선도로는 도시의 초기 이미지를 규정하는 중요한 역할을 한다. 사람들은 이 간선도로를 빈번하게 이용하고 간선도로가 처리하는 교통량이 많기 때문에, 도심 진입 간선도로는 방문자와 거주자가 갖는 도심부의 전반적인 이미지에 강력한 영향을 미친다. 이에 따라 간선도로의 초입에 관문으로서의 긍정적인 정체성을 창출하는 것은 우선순위가 높은 사항이 되어야 한다.

관문과 경계|Gateways and Edges

주요 간선도로는 도심부의 경계부에서 핵심 중심부로 접근하는데, 도심 경계부를 지나는 과정에서 경공업지역, 주유소, 자동차 수리 센터, 주차장, 노선 상업가로, 나대

▲   오스트레일리아 애들레이드(Adelaide, Australia)의 가장 중요한 간선도로는 킹윌리엄 스트리트(King William Street)이며, 업무금융지구의 중심축이다. 이 이미지 가로는 가로경관 처리와 중앙분리대에 세워진 만국기에 의해 질적으로 개선되었다. 간선도로의 경우 대부분 차도 가장자리 차선은 노상 주차보다는 버스, 택시, 서비스 차량을 위해 따로 남겨둔다.

▼   시카고 스카이라인의 가장 인상적인 조망 중 하나는 콜럼버스 드라이브(Columbus Drive)와 그랜트파크(Grant Park)에서 바라보는 조망이다. 이 남쪽 관문은 도시 중심부로 오는 거주자와 방문자를 환영하는 듯한 가로수와 깃발로 정렬되어 있고 기분 좋게 하는 조망을 제공한다.

지, 오래되어 낙후된 동네 등 저밀도 지역을 통과한다. 이들의 시각적 이미지와 환경은 대개 노후화된 특성을 가지기 때문에 이러한 지역은 도심부로의 관문 이미지에 긍정적이기보다는 부정적인 영향을 미친다.

이러한 도심경계지역은 도심부와 주변의 전환지역이자 집중 개발된 도심부로 들어오는 관문으로서 시각적으로나 기능적으로 좀 더 긍정적인 역할을 해야 한다. 예를 들면, 경계지역은 일반적인 저밀도 단독주택 주거지로 남겨두기보다 좀 더 고밀의 집합주택 개발을 허용할 수 있으며, 오피스와 다양한 업무 기능의 용도를 도입할 수도 있다. 간선도로에 면한 부지는 그 자체로 고밀 개발에 필요한 탁월한 가시성과 접근성을 제공할 수 있기 때문이다.

도심의 경계부가 위와 같은 성격의 전이지역이 되도록 토지이용을 유도하고, 공공투자를 통해 간선도로의 이미지를 향상시키면, 새로운 개발이 촉진되고 기존 부동산의 자발적 개량도 활성화될 것이다. 특히 돋보이는 환경을 만드는 데는 가로경관 개선사업이 효과적인데, 이는 관문 지역과 같은 곳에 초기 민간 재투자를 끌어내는 촉매제로 기능할 수 있기 때문이다. 이들 관문지역의 간선가로변 신규 개발이 가로의 시각적 특성을 개선하도록 개발 통제기준을 만들어 건축 및 도시계획 심의를 통해 적용한다. 프랜차이즈 업종에서 흔히 볼 수 있는 교외식 개발 모델은 도심지역에 적절하지 않지만, 도심경계지역에서 종종 이러한 교외식 개발을 볼 수 있다. 교외 프랜차이즈 개발 모델은 대부분 주차장을 건물 전면에 두고, 지나치게 큰 간판을 부적절한 위치에 설치하고, 보행자와 연계되기 위한 노력은 거의 하지 않으며, 표준화된 노선상업식(strip-commercial style) 경관을 만들어낸다.

도시 내부 간선도로가 교외의 노선 상업가로와 유사하게 되는 것을 막기 위해, 일부 도시는 이들 간선도로변을 따라 이에 맞는 용도지역(zoning)을 지정하고 개별 개발에 대해 규제지침을 적용하고 있다. 개발규제지침에는 다음과 같은 사항을 고려해야 한다.

▲ 많은 도시들은 역사적인 상업 중심부 주변의 황폐화되고 이용되지 않는 경계지역을 재건한다. 대체로 이 경계지역들은 도시 중심지로 접근하는 간선도로에 인접해 있다. 오리건주 포틀랜드(Portland, Oregon)에서는 주요 간선도로를 따라 훌륭한 주거 프로젝트가 개발되었다.

▼ 도시 중심부의 동네를 재건하는 이상적인 방법은 가로를 따라 새로운 상업공간을 도입하는 것이다. 한편 가로를 향해 있는 주택에는 적절한 건축선 후퇴공간을 확보해준다. 포틀랜드의 이 사례는 도시 중심부의 경계지역에서 가로변을 따라 소매상가 서비스를 도입하면서 그것이 새로이 형성되는 동네와 잘 통합되도록 유도하려는 시청의 노력을 보여준다.

❖ 주요 입면과 건물 출입구의 방향은 간선도로 전면을 향하도록 한다.

❖ 건물 전면부와 가로 사이에 주차공간을 만들지 못하도록 강력히 규제한다.

❖ 점차적으로 더 집중된 개발 패턴을 만들어내기 위해 도심부의 중심에 접근할수록 건물 전면과 측면 공간의 건축선 후퇴는 축소되도록 한다.

❖ 가로 전면의 건축선 후퇴는 충분히 깊게 하여 넓으면서도 조경처리된 보행로를 확보함으로써 인간적인 보행 환경이 조성되도록 한다.

도심부로의 접근

주요 간선도로 네트워크는 도심부의 여러 부분구역 각각에 편리한 접근을 제공하도록 한다. 그러나 간선도로 네트워크로 교통량이 집중되어 병목현상을 일으키지 않도록 해야 한다. 가장 바람직한 것은 이러한 간선도로가 도심 부분지역의 경계부를 둘러싸서 각 부분지역의 틀이 되고, 부분지역 안에서는 여러 용도들이 통합되도록 보행 활동을 장려하는 것이다.

간선 루프arterial loops   여러 도시에서 도시 중심부를 간선도로로 감싸는 간선 루프를 도입하고 있다. 간선 루프는 그것이 감싸고 있는 도심부의 핵심 중심부에서는 보행자에게 우선권을 주면서, 중심부의 경계부에 자동차 접근을 성공적으로 제공해 왔다. 그런데 간선 루프에 의해 둘러싸이는 중심부는 충분히 커야 한다는 점을 유념해야 한다. 그 규모는 다양한 용도를 통합하면서 도심 기능에 필요한 최소한의 집중적인 개발규모가 확보될 수 있을 만큼 되어야 하며, 이는 반경 10~15분의 보행 거리를 유지할 만큼의 크기이다.

루프 시스템을 추진하는 데 필요한 교통 수송력의 보완은 주로 도로 폭은 그대로 유지하면서 노상 주차를 제거하는 방법을 쓴다. 어떤 경우에는 더 많은 수송력이 필요한데, 이는 필연적으로 도로 폭을 더 확장해야 할 것인지 고민하게끔 한다. 그러나 도로 폭을 확장하면 주변의 토지이용과 개발 조직에 대해 부정적인 영향을 미치며, 특히 주거지역의 경우에는 주거 환경을 악화시킨다는 점을 고려해야 한다. 만약 간선

▲ 작은 도시는 접근도로를 따라 양질의 조명과 가로경관 개선을 통해 도시 이미지를 만들어낸다. 독일의 바덴바덴(Baden Baden, Germany)의 주요 접근도로는 일관된 방향 안내 표지와 쾌적하게 조성된 가로경관을 통해 운전자를 도시 중심부로 이끈다(위). 버지니아의 알렉산드리아(Alexandria, Virginia)에서 차량은 매력적인 업무지구를 통해 소매상가지구로 접근할 수 있다(아래).

루프의 폭이 넓어서 차량 통행이 너무 빠르거나 보행자가 가로지르기에 매우 어려울 경우에는, 간선 루프는 개발의 장애 요소가 될 수 있다.

간선 루프 개념을 적용할 때 종종 직면하는 문제는 어떻게 교통량이 많은 간선 루프 가로가 주변 부분구역으로부터 핵심 중심부를 고립시키지 않도록 할 것인지이다. 하나의 전략은 간선 루프를 가로지르는 명확하게 규정된 보행연결로를 만드는 것이다.

어떻게 이런 연결로를 만들 수 있는지 검토할 때 종종 입체교차 횡단보도를 조성하는 것이 효과적이라고 생각하기도 한다. 그러나 이와는 달리 보행자 횡단신호를 통해 자동차 교통의 속도와 흐름을 조정하면서 줄표시나 포장을 특별하게 해서 넓게 횡단보도를 설치하는 것이 비용이 절감될 뿐 아니라 중심지와 주변지역 간의 보행 흐름을 이끌어내는 데 더 안전하고 더 효율적이다.

보행로와 간선도로 횡단보도에 동일한 포장 처리를 적용하는 것은 시각적으로나 기능적으로 도심부의 보행연결 시스템의 연속성을 향상할 수 있는 방법이다. 만약 횡단보도 주변의 부분구역 입구가 관문을 형성하도록 잘 설계되어 개발된다면, 보행자들에게 간선도로를 건너야 할 추가적인 동기를 부여하게 될 것이다.

고가 및 지하 고속도로Elevated and Below-Grade Highways 많은 도시에서 중심지로의 차량 접근은 도심부의 경계부에까지 고가 또는 지하 고속도로를 건설하는 방식으로 이루어졌다. 그러나 이러한 입체교차도로는 중심지역과 주변 동네 및 부분구역들 간에 시각적이고 환경적인 단절이 된다. 몇몇 도시들은 고가도로를 철거하거나 지하도로로 덮고 지상층의 대로(boulevard)로 교체하여 자동차 접근을 가능하게 하고 있는데, 이는 도심부 내 핵심 중심지역 주변의 동네와 부분구역들을 대상으로 민간 개발이 일어나도록 하는 경제적인 자극제가 되었다.

도심부의 많은 역사적인 구역들이 입체도로의 건설로 인해 중심지역과 단절되어 왔다. 그러나 입체도로 구조물이 철거되면서 도심부의 역사적인 동네가 살아나고 혼합 용도 개발이 일어남으로써 도심에 새로운 주택 건설과 고용 창출의 계기가 되

▲ 시카고 시민들은 호수 공원, 해변, 산책로로 향하는 양호한 보행 접근의 권리를 지켜왔다. 그러나 과거 미국 도시는 수변을 따라 고가도로나 지하도로를 건설했으며, 이는 소중한 자연 자원과 편의시설에 대한 가시성과 보행 접근을 차단하였다.

▼ 시카고의 레이크쇼어 드라이브(Lake Shore Drive, Chicago)에 있는 보행자를 위한 횡단보도는 도시 중심부의 도로가 보행자와 자전거 운전자에게 친화적으로 설계되는 것이 얼마나 중요한지를 보여준다. 이 횡단보도는 차량을 정지시키는 역할을 할 뿐 아니라 도심부로 진입하는 차량의 속도를 줄이는 역할도 한다.

었다.

미국과 달리 영국, 유럽 대륙, 오스트레일리아의 도시 대부분은 도시 중심부로의 차량 접근을 제공하기 위하여 고가나 지하도로 대신 지상 레벨에서 대로나 다차선 간선 도로를 조성해왔다. 이 도로는 보행 친화적으로 설계되었고, 도시 중심부, 주거지역, 부분구역들을 시각적이나 물리적으로 잘 연결하도록 설계되었다. 주요 고속도로 대부분은 도심부와 도심 주거지의 외곽에 건설하여 도심 환경에서 자동차의 영향을 최소화하도록 하였다.

도심부 내 핵심지역Central Core

도심부 안에서도 가장 중심이 되는 핵심지역이 있다. 때로는 주요 간선도로가 도심부

▼ 워싱턴주 시애틀에 위치하는 이 넓은 보행자 편의구역은 노상 주차와 일방통행의 차량 교통으로부터 주변의 소매상가가 분리되어 있다는 느낌을 준다. 2열 식재는 보행 체험의 질을 높여주고, 넓은 보행공간은 소매상가의 영업에 도움을 주고 있다. 만약 자동차 통행 속도를 높이기 위해 보도 폭을 줄여 간선도로로 만들었더라면 소매상가 고객이 줄었을 것이다.

의 핵심지역을 관통하면서 주요 보행가로와 높은 수송력을 가진 차량통행로의 기능을 동시에 수행하는 경우도 있다. 이런 경우에는 보행자 구역과 차선 사이에 적절한 분리감을 주기 위해 보행자 구역을 넓게 잡아 쾌적한 보행 환경을 만들어야 한다. 넓게 확보된 보행자 구역에 가로수를 2열로 심으면 보행자를 차량교통으로부터 멀어지게 하고 건물 쪽으로 끌어당기는 효과를 낼 수 있다.

또한 간선도로 중앙에 중앙분리대를 두고 그늘을 드리우는 수목을 식재하면 도로의 넓은 포장이 주는 삭막함을 부드럽게 바꾸면서 도로에 특별한 정체성을 부여하거나 일대를 도시의 상징 거리로 만들 수 있다. 그러나 시각적인 특성과 보행을 유발하는 매력을 만들어내기 위해 가로시설물의 세부사항에까지 주의를 기울였다고 하더라도 이러한 유형의 가로는 너무 넓어서 블록의 전면부와 전면부 사이의 보행 흐름을 많이 유발하지는 못할 것이다. 즉, 이런 대로는 차선의 폭이 너무 넓어서 보행의 흐름이 제한되기 때문에 업무 개발이나 주택 개발에는 매력적인 입지로 기능할 수 있지만 소매상가 점포 입지로는 최적의 조건을 갖추었다고 할 수 없다.

일방통행로

도심부에서 차량의 통행 속도를 높이기 위해 도입하는 일방통행로는 가로 지향적인 소매상가와 상업 용도에는 부정적인 영향을 미친다. 일방통행로는 차량의 속도를 높이고, 그만큼 소음과 공기오염을 유발하여 보행자의 안전과 쾌적성을 감소시키기 때문에 보행자에 의존하는 상점과 레스토랑의 영업이 위축된다. 이와 대조적으로, 차량의 속도가 지나치게 빠르지 않다면 일방통행로가 업무와 서비스업의 경우에는 유리할 수 있다. 그러나 어떤 경우든 간에 차량 교통의 속도가 빠른 일방통행로는 노외 주차장으로 진출입하는 운전자의 안전 문제를 야기한다.

도심부에서 차량 속도를 감소시키고, 차량 순환을 개선하고, 차량과 보행자의 필요 사이의 바람직한 균형을 회복하기 위해, 여러 도시들이 점점 더 일방통행로를 양방통행로로 다시 전환하고 있다. 여러 도시에서 교통정온화(traffic calming) 전략이 양질의 보행 환경을 만드는 데 효과적이라는 것이 판명되고 있다. 도심부에서 차량의 속도를 줄이도록 유도하는 이 전략은 걷거나 자전거를 이용하는 사람들이 더 안전함을 느끼도록 해준다.

보조 접근도로 Secondary Access Streets

집산도로(collector)와 지역접근도로(local access street)는 마주보는 블록 전면부를 통합하는 이음매로 기능해야 한다. 집산도로와 지역접근도로의 설계 방식은 이들이 교통 순환에서 담당해야 하는 역할에 의해 결정되겠지만, 중요한 보행 유발 거점 간의 보행연결로로 기능할 때는 보행 용도를 수용하고 장려하도록 설계되어야 한다.

집산도로

명칭이 의미하는 바처럼, 집산도로는 간선도로와 지역접근도로 사이에서 교통을 모으고 분배한다. 간선도로와 마찬가지로 집산도로는 양호한 접근성과 가시성을 제공하므로, 업무와 위락, 고밀도 주거 개발을 위한 매력적인 입지조건을 부여한다. 그러나 집산도로는 간선도로보다는 보행자와 차량의 필요를 균형 있게 만족시키는 역할에 더 충실해야 한다.

차선 수와 노상 주차의 양이 집산도로마다 다를 수 있지만, 보도(보행자 구역)는 적어도 15피트(4.5미터)의 폭을 갖는 것이 이상적이다. 집산도로가 위치하는 도심부 내 부분구역의 토지이용의 특징과 개발 강도에 따라서, 보도(보행자 구역)는 건물 전면부에서 차도 경계까지 포장된 도시적 가로경관으로 조성할 수도 있고, 보도를 따라 나무를 심어 선적인 녹지공간으로 조성할 수도 있다.

인접한 토지이용이 주거인 경우, 가로 전면의 건축선 후퇴부는 가로와 건물 입면 사이에 추가적인 녹지공간을 제공할 수 있을 만큼 확장되어야 한다. 가로수는 차도 경계에서 동일한 거리를 따라 일정한 간격으로 식재하여 가로경관의 통합된 일부로

▲ 플로리다의 레이클랜드(Lakeland, Florida)에서 소매상가 활동의 집적은 비교적 좁은 양방향 가로인 켄터키 애비뉴(Kentucky Avenue)의 개발을 따라 이어져 있다. 가로경관과 상점 전면부를 다시 설계하여 조성한 것이 상인들이 이 역사적인 가로로 되돌아오게 하는 자극제가 되었다.

▼ 도로 폭이 제한되어 있고 상인들이 노상 주차를 유지하고자 할 경우 유일하게 실행 가능한 대안은 일방통행 가로를 만드는 것이다. 메릴랜드 아나폴리스(Annapolis, Maryland)는 좁은 가로가 더 넓게 느껴지도록 차도도 보도와 같이 벽돌로 포장하였다.

조성되어야 한다.

또한 집산도로가 보행 거점 간의 주요 보행연결로로서 기능하는 경우에는 보도 포장을 특별하게 하고, 조명, 공공 예술, 가로시설물을 인간적인 척도에 맞게 설치할 필요가 있다. 이렇게 하면 도시 중심부 보행 시스템에서 중요한 연계망이라는 집산도로의 정체성을 강화할 것이다.

대중교통도로Transit Streets

대중교통을 위해 사용되는 가로는 엄청나게 많은 보행자들을 끌어들일 수 있기에 보행 환경을 위한 설계 수준에 특별한 관심이 요구된다. 상당수의 출퇴근자를 중심지로 이동시키는 대중교통 가로는 넓은 면적의 주차시설을 갖출 필요가 없으므로 고밀도

▼ 포틀랜드와 미국의 다른 도시들에서 조성된 대중교통 중심 가로(transit-oriented street)는 대중교통 이용자의 편의를 위해 버스가 더 빠른 속도로 도심을 관통할 수 있도록 함에 따라 성공을 거두었다. 그러나 도심부의 중요한 상업가로에 일반 자동차 접근을 제한함으로써 상가의 매출에 부정적인 영향을 주었고, 건물 소유주들은 임대료가 높은 가로 전면부 부동산의 임대에 어려움을 겪었다.

개발의 기회를 제공한다. 이러한 대중교통 가로는 도심부 내 업무 및 기타 고용 지구 또는 스포츠 및 위락 시설이 있는 지구에서 민간 투자 개발사업을 촉진한다. 소매상 가지구의 경우에는 대중교통 가로를 보행 친화적으로 조성하고 셔틀 대중교통 서비스를 제공하는 것은 도움이 되지만, 너무 큰 대형 버스나 경전철을 운영하는 것은 역효과를 가져올 수도 있다.

지역접근도로 Local Access Street

지역접근도로는 주거지나 상업지 혹은 서비스 업종이 밀집한 곳에 위치할 수 있으므로 지역접근도로의 설계 처리는 상황에 따라 다양해야 한다. 차량 교통량도 적고 속도도 빠르지 않은 경우, 지역접근도로는 높은 수준의 보행 환경을 조성할 수 있는 높은 잠재력을 제공한다. 이러한 가로가 주요한 소매상가 중심지로 기능하거나 도시 중심부의 결절점 간의 중요한 연결체로 기능하는 경우에는 가능한 한 최상의 가로경관을 만들어야 한다.

09

대중**교통**

사려 깊고 헌신적인 소수의 시민이 세상을 변화시킬 수 있다는
것은 의심할 바 없다. 진정으로 이들만이 세상을 바꾸어왔다.

— 마거릿 미드

*Never doubt that a small group of thoughtful,
committed citizens can change the world;
indeed, it's the only thing that ever has.*

—Margaret Mead

대중교통
Public Transit

만약 도심부가 감당할 수 없는 출퇴근 교통량의 증가와 주차 수요를 만들지 않고도 강도 높은 개발을 수용하면서 확장해 나가고자 한다면, 대중교통을 중심으로 도심부를 계획하는 것이 필수적이다. 대중교통 전략은 많은 사람들을 대중교통수단을 통해 도심지역에 도달하게 한 후 도심부의 중심 핵까지는 걸어가게 만드는 방법이다. 이 전략은 도심부가 교통 체증과 과도한 통근자 주차를 피할 수 있게 해준다. 상호보완적인 보행 거점들 간의 거리가 너무 멀어 효과적인 보행연결이 어렵다면 도심부 안을 대중교통으로 연결하는 것이 필요할 수도 있다.

통근자 중심 대중교통

도심부 도로 시스템의 수용력에 주된 부담이 되는 것은 피크 시의 출퇴근 교통량이다. 또한 출퇴근 교통은 주차를 위한 상당한 면적의 토지를 필요로 한다. 내다수 도시의 경우를 볼 때, 이러한 교통과 주차 수요는 도심부의 성장잠재력에 한계를 가져왔다. 그러므로 이러한 도시에서는 새롭게 발생하는 개발의 규모에 대해서는 자동차 교통으로부터 다른 교통수단으로의 전환을 이끌어내야 한다.

심지어 도심부의 성장을 단기간 억제하는 것을 고려할 필요가 없는 도시의 경우에 있어서도 대중교통 이용이 증가하면 혜택을 얻는다. 자동차 없이 도심부에 오는 사람들의 수가 많아질수록 보행 활동은 더 증가할 것이고 가로에 생동감과 활력을 불어넣을 것이다. 또한 그만큼 압축적인 개발 패턴과 긍정적인 보행 환경을 조성할 여건이 조정될 것이다. 아주 작은 도시를 제외한 모든 도시에서 출퇴근 버스 시스템이 효율적이고 잘 홍보되어 있고 비용 경쟁력도 있으면, 도시 중심부에서 근무하는 고용자의 수는 이 출퇴근 버스 시스템을 충분히 지원할 수 있다. 확실히 대부분의 도시는 출퇴근 시 혼자 자동차를 몰고 오는 것보다 밴풀(van pooling)이나 카풀(carpooling) 방식으로 바꾸면 혜택을 얻을 수 있다.

대중교통 이용 권장하기

도심부의 출퇴근을 대중교통으로 유도하기 위해서는 여러 가지 교통 대안이 제공되어야 한다. 또한 도심부 대중교통 정책의 효율적인 추진을 위해서는 반드시 자동차 교통, 주차, 보행 순환에 대한 정책도 이에 맞게 조율하면서 추진되어야 한다.

자동차 의존도를 줄이고 대중교통 이용으로 유도하는 한 가지 방법은 자동차 이용을 덜 편리하고 덜 효율적으로 만드는 것이다. 이러한 전략은 종종 도심부에서 주차장의 입지, 공급, 비용에 대한 강한 규제와 연동되고, 기업과 협력하여 근무자들에게 대중교통 할인 또는 무료 패스를 발행하면서 주차장 제공을 제한하기도 한다.

런던 중심부에서는 교통 정체와 공해 문제를 해결하기 위해 도심부로 진입하는 차량에 부담금을 부과하고 있다. 부담금으로 얻은 수입은 도시의 대중교통을 개선하는 데 사용된다.

셔틀 대중교통Shuttle Transit

대부분의 도시는 도심부 내에서 사람들을 더 효율적으로 이동시키는 교통 계획이 유익할 것이다. 셔틀 대중교통은 통근자들을 외곽 주차장에서 도심부의 목적지로 빠르고 편리하게 수송하는 기능을 하는데, 이것이 있으면 장시간 주차를 위한 주차장을

▲　콜로라도의 덴버는 낮은 플랫폼의 전기 버스를 구입한 최초의 미국 도시들 중 하나이며, 이 전기 버스를 16번가 대중교통회랑에서 운행하고 있다. 이 셔틀 교통 시스템은 5분 간격으로 무임승차로 운영되며, 수천 명의 사람들을 버스 터미널과 경전철 역에서 도시 중심부의 목적지로 이동시킨다.

▼　런던의 리젠트 스트리트(Regent Street, London)에서 버스는 차도연석을 따라 지정된 차선을 따라 운영된다. 자전거와 택시도 이 공간을 사용할 수 있고, 자동차는 서비스 지역, 노외 주차, 소가로에 접근하기 위해 이 차선을 가로지를 수 있다. 도시 중심부 대중교통 전용선은 주변 커뮤니티에까지 확장되어 있어서 중심부로 진입하는 버스의 흐름을 빠르게 한다.

도심부로부터 빼낼 수 있다. 매력적이고 편리한 대중교통 연결 시스템도 중심지의 소매상가 축과 기타 보행 거점들 간의 상호작용을 강화시켜줄 수 있다.

콜로라도의 덴버(Denver, Colorado)와 테네시의 채터누가(Chattanooga, Tennessee)와 같이 점점 더 많은 도시들이 낮은 플랫폼의 전기 셔틀버스를 도입하여 도심부 내에서 다양한 지역들 간의 이동을 활성화하고 있다. 또한 이러한 작은 전기 셔틀버스는 소매와 위락 기능이 밀집된 지역에서 보행자 영역을 보완하고 향상시킨다. 샌프란시스코에서처럼 역사적인 전차를 타는 경험은 도심부에서 누릴 수 있는 흥분의 경험을 더해준다.

대중교통회랑

대중교통회랑(transit corridor)은 많은 사람들을 핵심적인 소매상가나 보행축으로 이동시키는 노선에 위치해야 한다. 주요한 대중교통회랑의 경로는 보행축과 교차하거나 인접한 보행축과 평행으로 지나야 한다. 방문객이 도심부의 핵심적인 보행 네트워크로 직접 이동할 수 있도록 하려면 대중교통회랑은 도심부의 핵심 중심지역을 둘러싸는 간선도로 시스템의 내부에 위치해야 한다. 토지이용과 교통 계획은 서로 조정하여 가장 밀도가 높은 개발이 대중교통회랑 주변에서 일어날 수 있도록 수립되어야 한다. 이러한 개발은 주로 오피스나 고층주거이며, 주요한 보행 유발시설들이다.

도심부의 주요 보행축을 대중교통회랑으로 만드는 것은 소비 활동과 도시재생을 위축시킬 수도 있다. 이는 직관에 어긋나는 것처럼 보이기도 하지만 실제 몇몇 도시는 이러한 역효과를 경험했다. 대중교통회랑이 보행 활동을 위축시키지 않도록 계획되어야 한다는 교훈이다.

대중교통 전용차선과 전용가로
대중교통차량에 우선권을 주어 속도와 서비스의 신뢰도를 높이기 위해서 한 개 차선

▲ 오리건주 포틀랜드(Portland, Oregon)의 경전철 노선은 보도에 인접한 전용선으로 운영되며 편안하고 안전하고 손쉬운 접근이 가능하도록 한다. 대중교통 전용선을 도로 중앙에 배치한 도시들의 경우 승객들은 도로 한가운데의 좋지 않은 환경에 처하게 되고 이는 승객들이 대중교통을 이용하는 것을 주저하게 할 수 있다.

▼ 유럽의 도시에서 경전철차선은 공공 공간과 통합되어 소매상가와 업무 개발에 적합한 수준 높은 환경을 제공한다. 취리히의 경전철 차선에 연접하는 야외 카페와 재래시장은 도시에서 살고 일하는 사람들이 즐길 수 있는 공공 영역을 제공한다.

이나 가로 전체를 대중교통 전용으로 지정할 수 있다. 그러나 지정된 바깥 차선이나 가로에 대형버스가 끊임없이 오고 가는 것은 도심부 환경의 질을 향상시키기보다 오히려 감소시킬 수 있다.

이러한 문제는 소음과 대기가스 배출 규제 장치를 장착한 버스를 이용하여 완화할 수 있는데, 많은 도시가 도심부로의 접근성을 제공하기 위해 부정적 효과가 거의 없는 이러한 대안적인 교통기술을 도입하고 있다. 이에는 전기와 천연가스를 이용한 버스, 전차, 경전철 시스템이 있다.

대중교통 가로의 설계

통근과 셔틀 대중교통의 경로로 기능하는 회랑(corridor)은 필연적으로 상당한 정도의 보행 용도를 끌어들인다. 이러한 대중교통 가로는 반드시 매력적인 보행 환경으로 설계해야 하는데, 보도를 넓게 하고, 포장을 특별하게 하며, 가로수를 식재하는 등의 통합적 노력이 요구된다.

버스가 다니는 대중교통회랑은 특별한 설계 처리를 요구한다. 버스전용차로를 어느 도로에 설치할 것인지를 정할 때 중요한 점은 그것이 위치하는 도로의 폭이다. 버스전용차선 옆에 최소한 25~30피트(7.6~9.1미터)의 보도와 편의시설 구역이 확보되어야 버스 정류장과 대기 행렬을 수용할 수 있다. 버스차선과 보행자 이동공간 사이를 적절히 분리하기 위해서는 차도 경계석을 따라 편의시설이 설치되는 공간이 어느 정도 깊이를 가지고 있어야 한다.

대중교통 정류장은 기후로부터 기다리는 승객을 보호해야 하며, 안전을 위해 정류장 내부가 들여다보이도록 해야 한다. 또한 앉을 자리나 기댈 자리가 구조물의 일부분으로 제공되어야 한다. 다른 가로시설물과 마찬가지로 대중교통 정류장은 높은 품질의 재료를 사용하여 단순하게 디자인되어야 한다. 그래야 오랜 기간 도심부의 매력적인 시각 요소로 남을 수 있다.

많은 도시가 도시 전역의 주요한 대중교통회랑에 직접적으로 연결되며 중심지역으

▲ 버스 이용을 장려하기 위해 버스 정류장과 승객 대기공간이 확보되도록 보도포장 면적이 충분히 확보되어야 한다. 포틀랜드에서는 보행로의 폭에 대중교통 편의시설 구역이 10-15피트(3-4.6미터) 추가되어 있어서, 버스 정류장이 상점 전면부에 지나치게 가까이 위치할 경우 생기는 부정적인 파급 효과를 제어하고 있다.

▼ 노스캐롤라이나의 샬럿(Charlotte, North Carolina)에는 간선버스와 지역 간 버스의 종점이 되는 이 환승시설에서 사람들이 도시 중심부의 목적지로 걸어가거나 다른 종류의 교통수단으로 환승할 수 있게 되어 있다. 덮개가 있는 대기공간, 음식 서비스, 화장실은 이곳을 이용하는 것이 더 매력적이게끔 한다.

▲ 플로리다주 마이애미(Miami, Florida)에서 대중교통 구조물이 도시의 가장 아름다운 대로의 중심에 세워져 있다(위). 시애틀의 경우 관광용 모노레일 구조물이 중요한 상업가로의 아래쪽에 만들어져 있어서 시각회랑을 차단하고 가로에 그늘을 드리운다(아래).

로부터 5-10분 이내 거리에 위치하는 버스 환승 센터를 만들어왔다. 환승 센터는 덮개가 있는 대기공간, 여러 가지 승객 편의시설을 제공하고, 상위 교통 네트워크와 연결시켜준다. 버스 승하차와 대기는 주변 가로의 자동차와 보행자 흐름을 간섭하지 않도록 계획되어야 한다.

입체 대중교통 시스템

도심부의 대중교통 시스템이 반드시 중심부 도로를 사용해야 할 경우, 피크 시에 많은 사람들을 신속히 승하차시키고 이동시켜야 하기 때문에 지면 교통 흐름이 복잡해지고 심한 교통 정체를 유발할 수 있다. 결과적으로, 교통 계획가는 종종 다수의 승객들을 최고 속도와 효율성으로 이동시키는 입체 대중교통 시스템(elevated transit system)을 고려하곤 한다. 그러나 입체 대중교통 시스템은 중심지역의 기능, 모습, 유지비에 큰 영향을 미친다. 그 영향은 다음과 같다.

❖ 승객들을 가로에서 역 플랫폼으로 이동시키기 위한 계단, 에스컬레이터, 엘리베이터의 설치와 유지에 드는 비용
❖ 안전과 감시의 문제
❖ 가로로부터 활동을 흡수하는 분리된 상층부 보행 시스템의 조성
❖ 높은 수준의 소음
❖ 입체 교통구조물에 의해 그늘지는 가로, 차단되는 시각회랑, 불투명해지는 건물 입면
❖ 입체 교통구조물 밑의 공간을 흥미롭고 매력적으로 만들기 어려운 점

이러한 문제점들 때문에, 입체 교통 시스템은 도심부로 접근하는 대중교통 접근을 개선하는 데 적절한 해결책이라고 하기 힘들다. 이러한 입체 시스템을 고려하기 전에 지면의 가로 시스템을 다시 생각하고 재설계하기 위한 모든 노력이 강구되어야 한다.

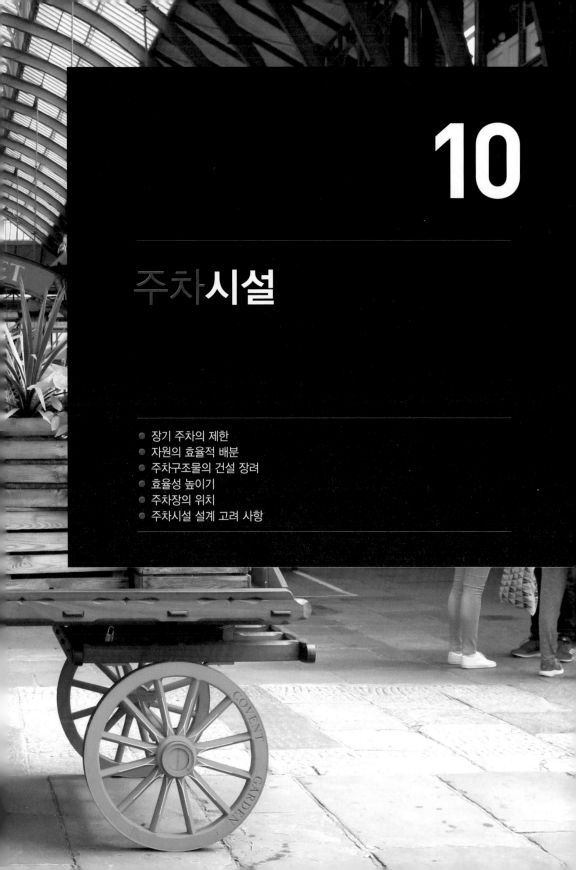

10

주차**시설**

디자인은 자연에 전례가 없는 방식으로 우리가 필요한 것을 제공하고
우리의 삶에 의미를 주도록 우리의 환경을 만드는 인간의 능력이다.

— 존 헤스켓

*Design is the human capacity to shape and make our
environment in ways without precedent in nature,
to serve our needs and give meaning to our lives.*

—John Heskett

10

주차시설
Parking Facilities

주차 문제를 어떻게 할 것인지 결정하는 것은 도심부를 사람들을 위한 수준 높은 장소로 만드는 데 가장 중요한 문제 중 하나이다. 만약 주차장이 잘 계획되지 못하면, 도심부를 보행자 중심의 장소로 만들 수 없고, 용도의 집중과 다양성, 가로 활동의 연속성도 확보하기 어렵다. 특히 지상의 주차장은 도심부의 물리적 구조를 단절시키고 핵심 용도들을 서로 떨어뜨릴 수 있다.

적절한 양의 편리한 주차시설을 공급하는 것이 매우 중요하지만, 주차장으로 사용되는 토지 면적을 최소화하는 것도 매우 중요하다. 특히 소매상가 중심지가 이미 형성되어 있거나 향후 만들어질 수 있는 도심부에서는 고용인을 위한 장시간 주차보다 소매상가 고객을 위한 단기 주차에 우선권을 두어야 한다. 주차장이 가로 전면부의 시각적 경관에 미치는 부정적 효과를 최소화하기 위해서는 주요 간선도로와 핵심적인 보행가로에 면해서는 되도록 주차장의 설치를 줄여야 한다. 어느 곳이든지 가능하다면 주차장은 지하에 설치하거나 블록의 내부에 설치하여 가로변의 활발한 활동을 저해하지 않아야 한다.

장기 주차의 제한

일부 도시에서는 도심부에서 오피스 근무자를 위한 장시간 주차를 최소화하면서도 오피스 개발을 확장해나가는 것이 가능하다는 것을 확인하였다. 이것은 대중교통이나 교통수요관리 정책과 연계시켜 주차 관련 정책을 도입함으로써 가능했다. 예를 들면, 대규모 도시에서 도심 내 장시간 주차비를 올리고 통근자용 주차장의 공급을 제한함으로써 통근자가 대중교통을 이용하도록 유도하는 것이다. 그러나 이러한 방향으로 주차 정책을 바꿀 때는 통근 대중교통 시스템에 대한 개선도 뒤따라야 한다. 만약 사람들이 원하는 목적지에서 너무 먼 곳에 억지로 주차를 하게 된다면, 도심부는 업무와 상업을 끌어들이고 유지하는 데 어려움을 겪게 될 수 있다.

또한 도심부의 주차 문제는 승용차 함께 타기(carpooling), 통근차 함께 타기(ride-sharing), '직주근접' 프로그램, 도심 근무자에 대한 대중교통비 지원 등의 시책으로 보완할 수 있다. 도시는 새로운 고밀도 업무 개발을 허용하기 전에 이러한 교통수요

▼ 오리건주 포틀랜드는 개인 승용차의 의존도를 줄이기 위해 대중교통 정책을 실행한 첫 번째 미국 도시들 중 하나이다. 이 계획은 남－북을 잇는 2개의 가로에 버스전용차로를 조성하고 동－서를 잇는 2개의 가로에 경전철을 조성하는 것을 포함하였는데, 도심부에 신규 주차시설의 개발을 제한하는 정책도 동시에 추진되었다.

관리 시책에 참여하도록 의무화할 수도 있다. 때로는 세금 감면 혜택을 통해 참여를 유도하기도 한다. 가장 효율적으로 대중교통의 지원을 받는 대중교통 회랑(transit corridor)의 주변으로 고밀도의 개발이 입지해야 한다.

도심 근무자를 충분히 대중교통으로 전환시키는 것이 어려울 경우에는 승용차 함께 타기나 통근차 함께 타기 등을 통해 나홀로 승용차 이용을 줄임으로써 도심부 내의 장시간 주차 수요를 줄이는 방안을 모색해야 한다. 이에 더하여 주거와 업무, 상업, 위락 용도가 혼합된 복합 용도 개발을 통해 상당한 주차 수요를 줄일 수 있다. 거주자가 직장과 쇼핑을 갈 때와 여가 활동을 할 때에 걷거나 지역단위 셔틀 대중교통(local shuttle transit)을 이용할 수 있기 때문이다.

자원의 효율적 배분

도심부 내에서 주차시설 자원을 배분할 때, 주차공간의 위치가 중요하다. 주차장을 가깝게 인접하여 제공해야 할 대상은 주차에 가장 민감한 기능이다. 예를 들어 도심부의 핵심 중심지역에서는 소매상가 고객, 업무 고객, 기타 단기 이용자에게 주차장이 가깝게 제공되어야 하며 주차요금도 이들에게 유리하도록 책정되어야 한다. 그러나 고급 업무공간의 경우 시장경쟁력을 고려하여 임원용 주차공간을 가깝게 확보할 수 있게 하는 유연성도 필요하다. 도심 근무자를 위한 장시간 주차는 반드시 제공되어야 하지만, 보행으로 10분 이내에 도달할 수 있는 중심지의 외곽이나 경계부에 위치시키는 것이 좋다. 만약 매력적이고 효율적인 셔틀 교통이 제공된다면 더 먼 거리에 주차공간을 조성하는 것도 가능하다.

주차 자원에 대한 의사결정을 할 때, 도심부 중심지역에서 장시간 주차시설의 공급을 제한하는 것이 인접한 주거지에 어떤 영향을 미치는지를 고려하는 것이 중요하다. 중심지역에서 주차장 공급이 제한되어 있고 주차비용도 단기 주차에 유리하게 책정되어 있다면, 통근자와 쇼핑객들은 돈을 절약하기 위해 더 많이 걷기로 하고 주변 주거지의 무료 노상 주차를 찾을 것이다. 주변 거주지의 주거 환경을 보호하기 위해서는 거주자 전용 주차허가제(resident-only parking permit program)를 엄격히 시행하여 이 지역의 주차공간을 외부인이 이용하는 것을 제한해야 할 것이다. 또한 토지이용 정책을 통해 도심의 고밀도 업무 기능을 지원하는 데 필요한 도심 주거지로 노상 주차장이 침범하여 주거 환경을 악화하는 것을 막아야 할 것이다. 지상 주차가 주거지 내부로 잠식해들어가는 것은 주거지의 안정성을 급격히 약화하고, 혼합 용도가 주는 활력을 감소시켜, 도심부가 도시지역의 강력한 중심(regional hub)으로서 기능하는 것을 약화시킨다.

주차구조물의 건설 장려

도심부에서 주차로 충당되어야 하는 토지의 양은 주차구조물을 건설함으로써 줄일 수 있다. 이는 지면 주차장이 도심부와 주변지역에 미치는 부정적 효과를 감소시킬 수

▼ 많은 계획가들이 도시 중심부의 경계에 대규모 주차시설을 건설하는 것을 제안하는데, 도시 중심부 경계지역의 토지가격은 그다지 높지 않고 셔틀버스를 이용하여 사람들을 중심지로 이동시킬 수 있기 때문이다. 테네시의 채터누가(Chattanooga, Tennessee)는 중심지 핵의 경계부에 두 개의 대규모 주차시설을 건설하였으며 사람들을 중심지의 소매상가, 업무, 공공 기관으로 이동시킬 수 있는 전기버스를 도입하였다.

있다. 시청은 개발자에게 용적률 보너스를 제공하여 주차구조물의 건설을 유도하거나, 주차구조물 건설자금에 대해 직접적으로 재정지원을 할 수 있다. 그러나 이러한 접근에는 경제적인 측면에서 실현 가능성에 한계가 있다. 주차구조물을 건설하는 것은 지면에 주차장을 설치하는 것보다 훨씬 비용이 많이 들기 때문에 토지 가치와 개발 밀도는 주차구조물 조성비를 지원하기에 충분할 만큼 높아야 한다. 아마도 소도시에서는 전략적으로 정한 위치에 하나 정도의 주차구조물을 개발하는 것도 힘들 것이다.

효율성 높이기

주차구조물 건설비용 지원과 규제지침을 통해 도심부 주차정책을 시행해나갈 수 있지만, 효율적인 도심부 주차를 위해서는 다양한 방법이 적용될 수 있다. 공유 주차(shared parking)는 주간에는 비즈니스용으로 사용하고 야간에는 다른 용도로 사용하는 방법인데 주차면을 단일 사용자에게 배타적으로 지정하는 것보다는 공간을 효율적으로 이용하는 방법이다. 다양한 용도가 있는 도심부에서 노외주차장(off-street parking)이 차지하는 비율은 공유 주차가 경제적으로 타당성을 가지도록 정해져야 한다. 이는 특히 혼합 용도 개발의 경우에는 더욱 그러하다. 또한 대중교통 서비스가 제공되거나 대중교통 이용이 경제적으로 유리하도록 주차요금을 인상하는 경우에는 민간 개발에 주차장 설치 의무를 경감시켜줄 수 있다.

도심부에서 주차 이용의 효율성을 개선하기 위해서는 공공 부문이나 업무개선지구(Business Improvement District: 일정한 업무상업지구를 기업과 상인들이 협의회를 조직하여 자체적으로 관리하도록 하는 제도적 장치)에 공유주차시설 개발에 대한 조정과 의사결정 책임을 부여하는 것도 하나의 방법이다. 효율성을 높이기 위해서는 도심 주차 관리를 통합하여 관리하고, 주차 관리 전략 차원에서 민간 개발자가 공급하는 주차시설 총량의 상한선을 정해야 한다. 모든 민간 개발자가 도시 중심부에 필요한 주차시설을 공급하는 데 정당한 몫을 부담하는지를 명확히 해야 하며, 이들은 소유 부지에 주차장을 조성하는 대신에 시청에 비용을 지불하게 할 수 있다. 도심부의 주차 공급을 공공 부문이 관장하면 다양한 이용자가 공유하는 주차시설은 도심 내 필요한 위치에 확실하게 확보될 수 있을 것이다.

공공 주차장(public parking)의 건설은 다양한 방식으로 재원을 마련할 수 있다. 기채(bond) 방식, 특별평가지구 지정방식(special assessment district: 공공 주차장 수혜지구를 지정해서 편익을 평가하여 비용을 납부하게 하는 방식), 세수증가재정 방식(tax increment financing: 공공 주차장으로 상승한 인근 토지의 부동산세를 주차장 건설비용으로 충당하는 방식)이 있고, 민간 개발에서 자체적 설치 대신 비용을 납부하게 하는 방식도 포함된다. 나아가 도심부에 대형 개발을 유치하기 위해서 공공이 소유한 토지의 매매 가격이나 임대 가격을 낮추어 이를 인센티브로 활용하여 민간 개발자가 주차시설의 건설과 운영에 참여하도록

▼ 버지니아주의 알렉산드리아(Alexandria, Virginia) 시청은 킹 스트리트(King Street)의 소매상가 배면에 대규모의 노상 주차장을 소유하고 있었다. 시청은 지가가 높은 부지에 독립적인 주차건물을 건설하는 대신 민간 개발자와 파트너십을 구축하고 주차건물의 세 면을 복층 주택(사진 왼편)으로 둘러싸도록 개발하였다.

유도할 수 있다.

주차장의 위치

도시 중심부에 편리하게 이용할 수 있는 주차장이 부족하다고 생각하는 이유는 종종 주차장 공급이 실제로 부족해서라기보다는 주차장의 위치를 잘 알지 못하거나 주차장과 방문 목적지 간을 연결하는 보행로가 잘 조성되어 있지 않기 때문이다. 특히 소도시에서 쇼핑객들은 상점 앞 도로에 노상주차를 할 수 없거나 상점 바로 인근에서 주차장을 발견하지 못하면 주차시설 공급이 부적절하다고 불평하는 경향이 있다. 교외 쇼핑몰의 주차시설은 무료이며 쉽게 찾을 수 있기 때문에 이용자들은 주차장과 몰의 상점 입구 사이의 보행 거리가 도시 중심부에서보다 더 멀지는 않지만 거의 유사한 거리라는 사실을 종종 잊곤 한다.

만약 다양한 사람들이 다양한 목적으로 방문하는 곳이라는 도심부의 특성을 고려해서 도심부를 만든다면 위와 같이 도심부 주차장의 양과 입지가 부적절하다고 인식되는 문제는 대체로 극복될 수 있다. 도심부가 컴팩트하고, 활동들 간의 물리적 연결이 명료하며, 강한 보행자 중심의 성격을 갖춘다면 하나의 원스톱 활동 중심지로 인식될 것이다. 즉 주차장에 한번 도착하면 이후는 걸어서 여러 가지 목적을 수행할 수 있는 하나의 장소가 되는 것이다. 방향 안내판, 지역 지도, 기타 길 찾기 장치를 쉽게 이해할 수 있게 만들어주기만 해도 도심부를 처음 방문한 사람들은 도착했을 때 직면하는 혼란으로부터 상당 부분 해방될 수 있다.

물론 도심부의 소매상가 밀집지역에서 편리한 보행 거리 내에 위치하는 주차시설은 고객들을 위해 지정되어 있어야 한다. 쇼핑만을 목적으로 방문한 고객을 위해 상점 근처에 단기 주차공간을 충분히 공급하는 것이 필요한데 이에는 상점 앞 노상 주차, 지면 주차장, 주차구조물이 있으며, 이들 주차장을 쉽게 찾을 수 있도록 통일된 안내체계가 갖추어져야 한다. 소매상가의 근무자도 이러한 주차공간을 이용하는 경

▲ 주차시설의 입면은 가로의 중요한 이미지가 되는 소매상가의 연속성을 방해하는 규모가 되지 않도록 최소화해야 한다. 독일 칼스루에(Karlsruhe, Germany)에 위치한 이 주차시설은 개방적이고 투명하게 설계되었으며 가로에서 보행 영역의 질을 향상하고 있다.

◀ 종종 주차장의 정확한 위치를 찾기 어려운 이유는 부적절한 방향 표시 때문이다. 앨라배마주의 모바일(Mobile, Alabama)은 매력적인 안내표지 시스템을 설계하였는데, 운전자에게 주차장에서 보행거리 내에 있는 중요한 건물들을 안내하는 역할을 한다. 이 안내 표지는 모바일시의 도심부 길 찾기 종합 시스템의 일부이다.

우가 있는데, 이들 주차공간은 쇼핑객에게 할애하는 것이 옳다. 한편 쇼핑객에게 제공하는 무료 주차 확인 프로그램은 도심부 쇼핑에서 주차가 편리하다는 것을 인지시키는 데 효과적이다.

도심부에서 주차장으로부터 주요 거점 및 상업가로를 잇는 보행연결로는 걷기에 매력적이고 편리해야 한다. 이를 위해 민간 개발자들은 부지의 일부를 할애하여 블록을 관통하는 접근로를 확보하는 데 기여할 수 있다. 도심부의 핵심적인 상업가로의 경우 상점 후면에 지면 주차장이 위치하는 경우가 있다. 이 경우에는 주차장으로 들어가는 입구와 건물의 배면에 대해서도 쉽게 인식되고 시각적으로 양호한 상태를 유지하도록 특별한 노력을 기울일 필요가 있다.

주차시설의 규모는 그것이 접하는 가로의 교통 수용력에 비례해야 한다. 되도록이면 주차시설은 주요 간선가로와 주요 보행가로에는 입지하지 말아야 한다. 왜냐하면 이들 가로는 도심부의 시각적 이미지와 보행 순환을 형성하는 데 중요한 역할을 하기 때문이다.

주차시설 설계 고려 사항

도심부 주차시설은 반드시 시각적인 환경의 질을 개선하도록 설계되어야 하고, 상업 용도 사이의 보행 흐름이나 도심 핵심부와 활동 거점 사의의 보행 흐름의 단절을 최소화하도록 설계되어야 한다.

노상 주차

일반적으로 단기 이용의 편리성을 위해서는 노상 주차가 바람직하지만, 때로는 보행편의시설을 설치하고 가로경관의 개선을 위해서는 노상 주차를 제거해야 할 때도 있다. 어떤 경우에는 차선 수를 감소함으로써 노상 주차를 제공하면서도 수준 높은 보행 환경을 조성할 수 있다.

보행축이나 주요 연결도로를 따라 비스듬히 차를 주차하도록 되어 있는 곳에서는 단순히 평행 주차 방식으로 교체하는 것만으로도 보행로를 확장하는 효과를 얻을 수 있다. 이 방식은 블록의 주차 수용량을 20–30% 줄이지만 차선 수는 그대로 유지할 수 있다. 어떠한 경우든 도시적 맥락에서는 평행 주차가 선호되는데, 이는 가로의 모습을 개선하고 비스듬히 주차할 때 발생하는 교통 장애를 감소시키기 때문이다.

지면 주차장 부지Surface lots

지면의 부지에 조성된 주차장은 개발된 건물 사이에 틈을 만들어 가로에 대한 공간적인 위요감을 떨어뜨리며, 사람들의 활동을 끊기게 하여 가로의 활력과 흥미를 제공하는 장소의 연속성을 떨어뜨린다. 또한 주차장 지면의 포장과 주차된 차들은 보기 좋지 않은 환경을 만들어 도심부의 이미지를 해친다.

필요하다면 주요 간선도로와 보행 중심 가로로부터 지면 주차장이 보이는 것을 최

▲ 가로 레벨의 상업공간과 주차시설의 상층부 입면을 잘 설계하면 가로와 상업 용도의 질을 향상할 수 있다. 플로리다주 포트로더데일의 로스올라스 불바드(Los Olas Boulevard, Fort Lauderdale, Florida)에서 보는 것처럼, 레스토랑, 소매상가 전면부, 잘 설계된 오피스 건물 진입공간과 주차시설은 모두 수준 높은 환경을 형성하는 데 기여하고 있다.

소화하도록 배치해야 한다. 주차장의 경계부에 그늘이 드리우는 나무를 심는 것은 지면 주차장이 잘 보이지 않게 해준다. 3-4피트(0.9-1.2미터) 높이의 담장이나 살아 있는 식재 울타리도 가로에서 주차된 차량이 잘 보이지 않게 하는 데 도움이 된다. 그러나 안전을 위해서는 지면으로부터 4-8피트(1.2-2.4미터) 높이에서는 시야가 방해받지 않는 클리어 존(clear zone)을 유지하여, 가로에서 주차장 내부가 보이도록 해야 한다. 조경 처리된 둔덕(berm)은 도심지에 적절한 차폐 방법은 아니다. 왜냐하면 둔덕은 많은 공간을 필요로 하고 교외의 이미지를 주기 때문이다.

지면 주차장 설계 기준을 만들어 주차장 내에 나무를 심도록 유도해야 한다. 주차열을 구분하는 연석을 두른 공간에도 나무를 심고, 주차장의 경계부에도 그늘이 지는 나무를 심도록 규제하는 것이다. 주차장 설계 기준에는 조명등의 조도, 표지판의 크기와 위치, 상업용 주차장의 경우, 관리인 부스에 대한 내용도 포함되어야 한다.

주차구조물

주차시설은 지면 주차장에 비하면 조성에 필요한 부지 면적이 덜 들고 시야로부터 보다 효과적으로 가릴 수 있다. 그렇지만 도심부 환경의 질을 낮추기는 마찬가지이다. 주차구조물은 상가가 밀집되어 있는 상업 중심 가로의 전면부에는 입지하지 않아야 한다. 주요한 보행로로 기능하는 가로에 주차구조물이 입지할 때는 1층 전면부의 최소한 75% 이상을 소매상점이 차지하도록 하여 가로에서 보행자의 흥미와 활동이 단절되는 것을 최소화해야 한다. 주차구조물의 1층을 주차장으로 써야 하는 다른 가로에서는 건축선 후퇴공간을 조경처리하여 가로와 보행로에 주는 시각적인 영향을 완화하도록 한다.

일부 도시에서는 주차구조물을 블록 안쪽에 배치하고 가로변에 복층의 상업 개발을 하여 도심 환경에 기여하는 주차장 건설을 성공적으로 수행했다. 주차구조물을 블록 안쪽에 개발하는 것을 장려하면 보행 중심의 가로를 따라서 활동이 있는 용도를 도입할 수 있다.

▲ 지면 주차장은 부분적으로라도 낮은 담장, 철제 난간, 조경 식재로 가려져야 한다. 시카고시의 이 주차장의 경계부 처리는 시정부의 설계 기준에 맞게 조성되었는데, 보조집산도로(secondary collector street)를 따라 이어지는 시각적인 연속성을 유지하는 데 기여하고 있다.

▲ 포트로더데일(Fort Lauderdale)의 이 주차구조물은 조경 처리가 외면을 부드럽게 하고 있기는 하지만, 주차구조물의 규모가 일대의 공공 공간과 건물들을 압도하고 있다. 이런 문제로 인해서 많은 도시들은 주차구조물을 가로에 직접 면하기보다 건물 내에 만들도록 요구하고 있다.

▲ 가장 성공적으로 블록 안쪽에 주차구조물을 개발한 사례 중 하나는 뉴저지주 프린스턴(Princeton, New Jersey)에 위치한 복층의 주차시설이다. 주차장을 블록 중심에 배치하고 가로를 따라 깊이 60피트(18미터)의 공간은 업무와 주거 용도를 개발하였다. 4층 높이의 이 건물은 완벽하게 주차시설을 감싸고 있어서 도시 중심부에 인접한 부동산 가치를 높이고 있다.

▼ 프린스턴에 있는 주차장을 감싸고 있는 가로변 상업공간은 주거지를 위한 소매상점과 서비스 공간들로 채워져 있으며, 이 공간은 중심지에 거주하고 일하는 사람들에게 편의를 제공한다. 보행로와 가로경관의 개선은 거주자에게 매력적인 도심부 개발의 이상적인 환경을 제공하고 있다.

주차구조물의 크기는 도심 환경에 미치는 영향을 가늠하는 중요한 요소이다. 어느 가로에 면하든 주차구조물 외면의 길이는 250-300피트(76-91미터) 이상을 넘지 않도록 해야 하고, 가능하면 3베이(bay, 기둥과 기둥 사이의 한 구획) 정도가 되는 180피트(55미터)를 넘지 않는 것이 바람직하다.

주차구조물은 건축적으로 주변과 조화되고 도심 환경을 해치지 않아야 한다. 주변 건물에 사용된 외부 마감재료의 질과 동일한 질의 외부 마감재료를 사용하고, 인접하는 건물의 특성에 조화되는 중성적인 색채와 건축적인 형태를 가지도록 한다. 가로에 면한 주차시설의 입면은 인접 건물의 창문 패턴을 이어갈 수 있도록 함으로써 주차구조물이 도심지의 건축조직에 잘 스며들도록 해야 한다. 어떠한 경우든 이상한 모양이나 재료, 색채를 사용하여 주차구조물 그 자체로 주목을 끌게 하는 것은 바람직하지 않다.

치안 문제는 주차구조물의 이용률을 낮추는 요인인데, 이는 실제적인 범죄 수준 때문이라기보다 이용자의 인식에 관련된 문제일 가능성이 크다. 개방적이거나 유리로 된 계단실, 유리로 마감된 엘리베이터, 심지어 높은 조도의 조명 등이 이용자의 심리적 편안함을 높이는 데 도움이 된다. 그러나 주거지와 인접한 지역에서는 주차장의 불빛을 차폐하여 인접지역을 보호하는 데 주의를 기울일 필요가 있다.

다른 주 용도 건물에 포함되어 일부분으로 조성되는 주차시설은 단독으로 건설되는 주차구조물보다 까다로운 설계 문제를 가질 수 있다. 특히 저층부에 주차 포디엄을 두고 그 위에 고층 타워를 세우는 것은 가장 바람직하지 않은 설계 해법이다. 왜냐하면 건물이 가로와 맺는 관계를 약화시키고 친근하지 않은 지상층 환경을 만들기 때문이다.

지하 주차장은 중심지역에 미치는 시각적 영향이 가장 적고 보행 환경에 최소한의 영향을 미치지만, 가장 비용이 많이 드는 대안이다. 대략적인 비용은 지상 주차장 건설비의 두 배 정도이다. 그럼에도 불구하고 제안하는 개발이 지하 주차시설 개발을 위한 추가적 비용을 감당할 수 있다면 이것도 적절한 대안이 될 수 있다. 공공-민간 협력으로 건설된 지하 주차시설은 보스턴의 포스트 오피스 스퀘어(Post Office Square, Boston) 사례가 있으며, 이 사례는 지하주차장을 주요한 외부공간 편의시설과 연계하여 개발하면 경제적으로도 타당성이 있다는 것을 보여준다.

◀ 도심부의 토지 가격이 높기 때문에 개발자와 주차 담당부서는 건물이나 공원과 광장 지하에 주차장을 건설하는 경우를 많은 도시에서 볼 수 있다. 보스턴의 포스트 오피스 스퀘어 파크(Post Office Square Park, Boston)(위), 캐나다 토론토의 토론토-도미니언 센터(Dominion Centre, Toronto)(중간), 펜실베이니아주 피츠버그의 멜론 스퀘어 플라자(Mellon Square Plaza, Pittsburgh)(아래)의 사례를 포함한 다양한 사례들은 양질의 공간이 지하 주차시설 위에 조성될 수 있음을 보여준다.

11

개발 가이드라인

- 개수와 재이용
- 신규 개발

'더 큰' 것을 추구하는 것에서 '더 좋은' 것으로, '양적'인 것에서 '질적'인 것으로, 우리의 환경에 의미 있는 형태와 아름다움을 부여하는 일. 이런 것들이 우리가 당면한 시급한 과제라는 것을 인식한다는 증거는 그리 뚜렷하지 않다.

— 발터 그로피우스

There is only meager evidence that we recognize the urgent task confronting us—to shift the emphasis from "bigger" to "better," from the quantitative to the qualitative, and to give significant form and beauty to our environment.

—Walter Gropius

11

개발 가이드라인
Development Guidelines

건물은 도심부 가로와 공공 공간을 규정하는 틀로서 보행 환경의 시각적 특성과 활력에 영향을 미친다. 도심부의 시각적 응집력(coherence), 명료한 조직적 구조, 높은 수준의 기능적 통합을 달성하기 위하여 건물과 가로, 건물과 건물은 서로 긍정적인 관계를 맺어야 한다. 기존 건축물에 대한 분석은 보행 친화적인 이미지와 느낌을 부여하는 건물의 배치와 디자인의 공통적 특성을 도출해줄 것이다. 이러한 맥락에 대한 이해는 기존 건물을 개수하거나 새로운 건물을 배치하고 디자인하기 위한 출발점이다.

도심부 환경에 대해 건축은 다음과 같은 중요한 기여를 할 수 있다.

❖ 가로는 응집력 있고, 통일된 도심 구조를 형성하기 위한 주요한 회랑으로서 기능하는데, 건물은 그것을 따라 연속성을 갖는 단부 edge를 형성한다 건물은 가로를 따라 벽을 형성하며, 이를 통해 가로공간을 명료하게 정의한다. 가로에 대해 건물의 후퇴와 방향이 일관성 있게 형성되면 길은 보다 잘 정의된 공간으로 인식된다. 그러므로 도시 조직에 빈 곳이 있을 때, 이를 채우는 개발(infill development)을 어떻게 하는지가 중요하다. 특히 주요한 보행가로나 간선가로에서는 더욱 그러하다.

❖ 건물의 높이, 스케일, 매싱, 파사드의 처리, 재료, 색채, 지붕 모양을 유사하게 함으로써 시각적인 연속성을 창출할 수 있다 디자인 요소 또는 주제를 반복하는 것은 도심부가 사람들에게 인식될 수 있는 정체성과 장소성을 구축하는 데 도움이 된다. 이는 도심부의 매력을 더해주며 장소 마케팅에도 유리하다. 그러나 이것이 모든 건물이 비슷하게 보일 필요가 있다거나, 모든 디테일과 재료가 한정된 출처로부터 나와야 한다는 것을 의미하는 것은 아니다. 이는 단지 기존의 건축물을 특별하게 만드는 공통된 특성이 있으면 그것을 살리는 것이 중요하다는 뜻이다. 이를 달성하는 한 가지 효과적인 방법은 건축적 형태와 재료에 대한 지방적 또는 지역적 용어를 개발하거나 보존하는 것이다. 익명적이고 맥락이 없는 건축물을 허용하여 도시의 독특한 정체성을 약화하는 것보다는 이것이 낫다.

❖ 건물은 가로 레벨street level에서 인간적 스케일을 느낄 수 있게 해주고 활동을 높이고 흥미를 불러일으킨다. 이를 통해 도심부의 매력을 부각시키고, 개별 프로젝트와 그 프로젝트가 위치한 블록이 따로 놀지 않도록 통합시킨다 가로의 보행자공간에 면한 건물 1층에는 가로 레벨 용도가 위치하도록 용도지역규제(zoning regulation), 개발규제(development code), 인센티브 같은 제도적 장치를 갖추어야 한다. 저층부의 파사드는 건물 내부의 활동과 가로 활동이 공유하도록 해야 하는데, 이는 전면의 창을 크게 하거나 출입구를 가로에 면하게 설치함으로써 달성될 수 있다. 레스토랑과 카페의 옥외 좌석에서 볼 수 있듯이, 건물이 담는 활동은 가로 환경으로 넘쳐 나올 수도 있다.

응집력 있는 개발을 달성하기 위해 신축건물이나 개수 건물의 디자인 디테일까지 자세하게 통제할 필요는 없다. 그러나 건축선의 후퇴, 높이, 파사드의 전반적 구성, 재료, 지상 레벨의 프로그래밍, 상점 전면 디자인에 대한 기본적인 결정들이 서로 조정되도록 할 필요는 있다.

▲ 사우스캐롤라이나주 찰스턴(Charleston, South Carolina)의 건물 파사드와 점포 전면의 개수는 민간 부동산 소유자와 디자인 전문가들의 협력 작업을 통해 달성되었다(위). 텍사스주 포트워스(Fort Worth, Texas)의 상업건물의 점포 전면, 상업 간판, 가로 디자인은 특별한 장소성을 창출하는 데 기여하고 있다(아래). 개방감을 주는 점포 전면은 점포 안에서 일어나는 활동과 가로를 공유하게 하며, 더 활력 있는 가로 환경을 만들어낸다.

▲ 사우스캐롤라이나주 찰스턴시의 역사 건축물 개수와 재활용은 도시 중심부의 시장 어필을 강화함으로써 재투자와 재생의 긍정적인 기운을 만들어냈다. 새로운 전문 소매상가, 호텔, 주거 개발이 일어나서 역사지구의 매력을 높였고, 찰스턴시는 국내외 관광 목적지로의 위상이 강화되었다.

▼ 미시건주 홀랜드(Holland, Michigan)의 점포와 점포 전면의 개수는 비전을 가진 상인 지도자의 신념에서 비롯되었다. 그들은 도시 중심부의 역사적 건물들을 새로운 점포로 잘 개수하면 사람들이 쇼핑을 위해 도시 중심부로 돌아올 것이라는 믿음을 가졌다. 사람들에게 흥미를 유발하기 위하여 메인스트리트의 각 역사적 건물의 개수에 대한 상세한 건축 도면이 작성되었다.

개수와 재이용Renovation and Reuse

오래된 건물의 인간적 스케일, 질 높은 재료, 건축적 디테일은 환경에 흥미와 정체성을 더해준다. 그러므로 도심부의 전통적인 상업, 공공, 주거 건축물은 가능한 한 보존되고, 개선되어야 하며, 적절한 경우에는 새로운 용도로 재이용되어야 한다. 한때 폐기해야 할 것으로 여겨졌던 공장건물도 오피스, 주거, 상업 공간으로 재활용하여 새로운 생명을 찾고 있다.

정체성과 시장성

매력적인 역사적 건축물을 개수(renovation)하거나 새로운 용도로 재활용(adaptive reuse)하는 것은 시장(market)에서 도심부의 매력을 높여줌으로써 재투자와 재생을 위한 긍정적 분위기를 만드는 데 기여한다. 낡은 건물, 비었거나 관리되지 않는 점포, 볼품없고 정비되지 않은 간판을 새롭게 단장하는 것은 도심부가 방치되고 쇠퇴한다는 이미지를 극복하는 데 도움이 된다. 방치된 건물이 존재한다는 것은 경제적 쇠퇴를 나타내고 부추기지만, 눈에 잘 띄는 역사적 건축물을 개수하는 것은 그 자체로 세수와 고용 증대 효과는 크지 않다고 하더라도 도심부 재생의 탄력을 촉발할 수 있고, 변화와 재탄생의 이미지를 만들어낸다.

보존 전략

도심부의 개발 압력이 높아지는 도시에서는 옛 건물을 보존하는 것이 도시의 독특한 정체성과 역사성, 인간적 스케일을 유지하는 데 중요한 역할을 한다. 실제적으로 많은 역사적 건축물들은 각별한 주목과 지원을 받기에 충분한 특별한 투자 기회를 제공한다.

도심부의 역사적 성격과 건축적 특징에 기여하는 건물을 보호하기 위하여 여러 가지 전략과 통제기법들이 사용되고 있다. 재개발의 압력이 강한 곳에서는 이러한 전략과 기법들이 그러한 역사적 자원의 불필요한 파괴를 저지하는 데 중요하다. 도심부 개발을 관리하기 위해서는 다음과 같은 가이드라인을 고려해야 한다.

❖ 용도지역 규제상의 개발 밀도를 높이게 되면 개발 압력이 뒤따라 역사적 자원을 위협하게 되므로 이러한 지역들을 찾아내기 위해 기존의 용도지역 규제를 세심하게 점검해야 한다. 중요한 커뮤니티 자산이 될 수 있는 저층의 역사적 건축물이 고층 개발이 허용된 용도지역에 위치하고 있을 수도 있다.

❖ 보존과 재활용이 우선되어야 할 지역에서는, 역사보존지구와 보존 건축물을 지정하여 철거에 대한 허가 신청과 심의를 거치도록 함으로써 개발 압력을 진정시킬 수 있다. 역사지구의 역사적 성격을 유지하기 위해서는 건축적 변경에 대한 심의 과정이 제도화되어야 하는데 역사지구와 보존 건축물로 지정하는 것은 이를 위한 효과적인 메커니즘이 된다.

❖ 세제 감면이나 저리 융자 같은 재정적 인센티브와 지원은 오래된 역사 건축물을 보존하고 재활용하는 투자를 촉진할 것이다.

❖ 때로 역사적 건축물을 공공이 매입하여 다시 저렴하게 팔거나 장기적으로 임대하는 것도 필요하다. 이를 통해 새로운 소유자와 임대자들이 건물을 개수(renovation)하거나 재활용하는 것이 경제적으로 타당해진다.

❖ 고밀도의 개발이 허용된 지역에 위치하는 역사적 건축물을 보존하기 위해서는 개발권 이양(transfer of development right)이 한 방법이 될 수 있다.

기존 건축물을 보존하고 개수하는 것이 항상 옳은 것은 아니다. 상당한 의미가 있고 역사적 특성에 기여하는 역사적 건축물을 찾아내는 건축적 조사가 있어야 하며, 이에 근거하여 초점을 맞춘 보존 노력을 해야 효과가 있다.

그러한 건축물들은 흔히 전통적인 상업 중심지에 집중되어 있다. 특히 중심 쇼핑 가로나 오래된 동네에 있다. 도심부의 역사적 성격에 특별한 기여가 없는 건축물들이

◀ 역사지구 내의 고층건물 개발은 부동산 가치와 공공 영역의 질을 떨어뜨릴 수 있다. 텍사스주 포트워스(Fort Worth)에 개발된 고층건물은 복원된 역사적 건물과 가로경관의 스케일을 깨뜨리고 있다.

◀ 찰스턴(Charleston)시는 역사지구의 특성을 보존하기 위하여 신규 개발에 대한 높이 제한을 적용하고 있다. 채우기식 개발로 건설된 4층 상업건물은 오래된 건물의 스케일과 건축적 맥락을 존중하도록 설계되었다.

▲ 건물 개수의 잠재력에 대해 지역사회가 협의하는 데 가장 효과적인 방법은 건물과 상점 전면의 개선사항을 투시도 스케치 (perspective sketch)로 그려보는 것이다. 제안된 개선을 시각적으로 보여준다면 건물소유자, 상인, 시공무원을 움직일 수 있을 것이다. 이 스케치는 메릴랜드주 웨스트민스터(Westminster)에서 재생을 촉진하기 위해 작성되었다.

있는 지역은 새로운 개발을 위한 지역으로 삼을 수 있다. 역사성의 보존과 새로운 개발 모두 투자의 기회를 창출함으로써, 지역에서의 도심부의 경제적 역할을 강화할 수 있다.

오래된 건물이라고 무조건 보존하려고 하는 것보다는 개수를 하면 경제적 타당성이 있을지의 여부를 판단하는 것이 중요하다. 이러한 결정을 내리기 위해서는 건물의 역사적 가치와 경제적 타당성에 대한 객관적인 평가가 필요하다. 비어 있는 오래된 건축물을 다시 복원하기 어렵고 이것이 인근지역에 대한 투자마저 억제하고 있다면, 철거하는 것이 최선일 수도 있다. 비어 있는 역사적 건축물에 대해서는 민간 개발자로부터 재활용제안을 모집해보고, 적절한 시간을 들여 점검한 결과 타당성 있는 제안이 없다고 판단되면 공공은 철거라는 과감한 결정도 내려야 한다.

건물 개수 가이드라인

건물 외부의 개수(renovation)를 위한 가이드라인을 만들면 건물들이 제멋대로 개수되지 않도록 전체적으로 조정할 수 있고, 이는 도심부의 긍정적인 이미지와 높은 수준의 보행 환경을 만들어내는 데 필요하다. 또한 이러한 가이드라인은 건물에 대한 민간의 재투자를 촉진하기 위한 교육적 수단으로도 사용될 수 있다. 건물 개수 가이드라인을 만들기 위한 첫 번째 단계는 기존 건축물의 디자인 특성과 성공적인 개수의 원칙에 대한 이해를 공유하는 것이다. 다른 디자인 기준과 함께 이들 가이드라인은 시청에 의해 채택되어 건축심의위원회를 통해 집행되어야 한다.

도시의 여건과 장래 목적에 대한 이해를 공유하는 것은 도심부의 재생을 위한 전략을 마련하는 토대가 된다. 도심부의 상업건물을 개수할 때 다음과 같은 기본 원칙을 적용할 수 있다.

❖ 개별 건물의 파사드가 건축적 고유성(integrity)과 디자인 통일성(design unity)을 강화한다.

❖ 지상부 매장의 전면은 가로 환경에 흥미와 활동을 더하고, 편안함을 줄 수 있도록 조성한다.

❖ 인접 건물과 통일된 느낌을 줄 수 있도록 디자인, 재료, 색채에 있어 인접 건물과 서로 조화되도록 한다.

주어진 가로에서 볼 때, 건물마다 다른 건축양식과 디테일은 잘 조직되어 블록 전면이 통합성을 갖는 것이 좋은데, 이를 만들어내기 위해서는 건물 전면(facade)에 대한 디자인 틀(design framework)을 이해해야 한다. 이 틀은 상부 파사드와 매장 전면이라는 두 가지의 요소로 나눌 수 있다.

상부 파사드

상부 파사드(upper facade)는 코니스(cornice: 처마돌림띠), 파시아(facia), 상층부(upper stories), 창문, 피어(pier: 창문 사이 부분)로 구성된다. 코니스와 파시아는 건물의 상부를 한정지으며, 피어는 건물 상부부터 지상까지 내려오면서 창문과 매장 전면을 나누는 틀의 역할을 한다.

건물의 상부 파사드는 규모가 크고 견고한 건축적 특성으로 인해 건물에 존재감을 주고, 건축적 질과 특성을 나타낸다. 그 결과 상부 파사드를 디자인적으로 어떻게 처리하고, 어떤 재료를 써서 어떤 상태로 만드는지에 따라 건축적 스타일이 결정되고 블록 내의 다른 건물과의 관계도 결정된다.

코니스와 파시아   코니스와 파시아(cornice and facia)는 강력한 지붕 선을 만들어냄으로써 건물 전면의 완성된 모습을 보여준다. 만약 이러한 요소들이 제거되었거나 다른 것에 의해 묻혀 있다면 건물의 원래 디자인 의도를 다시 강조하기 위해서 복구되어야 한다. 새로운 코니스와 파시아에 대한 디자인은 건물의 전체적인 크기와의 비례를 고려하여 결정되어야 한다.

벽면 재료 벽면 재료는 원래의 외관으로 수리·복원하고, 노출된 기계 장치, 미이용 전기 설비, 간판 지지물 등은 모두 제거한다. 가능하면 메탈 패널, 타일, 치장 벽토(stucco) 같은 표면에 덧붙인 재료들은 제거하고 원래의 벽면과 디테일을 복원하도록 한다. 상부 파사드의 피어와 벽면에까지 확장하여 덧붙인 점포 전면 재료를 제거하는 데 각별한 관심을 가진다. 이러한 덧붙인 처리들은 원래 건축물의 진정성에 영향을 미치고 파사드 요소 사이의 균형을 약화시킨다. 만약 새로운 재료와 색채를 도입해야 한다면, 주변의 건축물과 조화를 이루면서 점포 전면의 디자인을 보완하는 방식으로 진행한다. 그러한 변화는 건물 전면을 복원할 수 없거나 파사드가 건축적으로 큰 특징이 없는 경우에 국한한다.

▼ 메릴랜드주 베데스다(Bethesda, Maryland)의 복원된 오피스 건물. 상부 파사드의 창문과 피어는 시각적 분절감과 흥미를 준다. 색감 있는 배너와 점포 전면 간판은 보행 환경을 북돋운다. 역사적 건물의 개수와 재활용은 다수의 블록으로 구성된 도시의 상업지구에 경제적 부흥을 가져오는 데 기여했다.

▲ 독일 뉘른베르크(Nuremberg, Germany). 역사성 있는 가로를 따라 점포 파사드, 상층부 창문, 점포 전면의 독특한 건축을 보전하고 복원함으로써 높은 환경 수준과 장소적 특성을 갖는 역사 가로가 이루어졌다. 보행 활동을 위한 공간을 확충하면서 맞은편 역사적 건축물을 볼 수 있도록 가로 반대편의 보도를 넓게 확장하였다.

▼ 매사추세츠주 로웰(Lowell, Massachusetts). 점포 전면과 상부 파사드는 조적조의 피어에 의해 틀이 잡혔다. 피어는 통일된 가로 환경을 만들어내는 역할을 한다. 매사추세츠의 로웰은 미국에서 가장 먼저 도심 내 역사자원을 발견하고 개수한 도시 가운데 하나이다.

창문 건물에 스케일감을 주고 파사드 윗부분에 분절감(articulation)과 시각적 흥미로움을 더하기 위해서 원래의 상층부 창문은 복원한다. 건물 파사드의 원래 상층부 창문을 새로이 도입하거나 닦아내는 일은 많은 상업건물의 건축적 진정성을 되찾게 해 준다. 복원된 창문의 비례와 창문 패턴의 리듬은 가능한 한 원래의 파사드 디자인에 가깝게 재현한다.

피어 피어(pier)는 점포 전면의 틀이 되고 상부 파사드를 시각적으로 고정시킨다. 피어는 가로 레벨의 시각적 다양성을 조직화하고 통합하는 건축적 틀을 만드는 핵심적 역할을 한다. 피어를 제거하거나 크기를 줄이게 되면 지상 레벨 파사드의 건축적 특성은 힘을 잃게 되고 상부 건축의 균형도 깨지게 된다. 이러한 경우, 피어의 폭과 간격을 복원하여 파사드를 지지하도록 한다. 건물의 전면 폭이 넓은 경우 비례적 균형감을 높이기 위해서는 점포 전면을 분절하는 피어가 권장된다. 상부 파사드의 건축적 특성을 정의하는 데 피어는 통합적 역할을 하므로, 피어의 재료는 파사드의 표면 재료와 동일한 것으로 처리한다.

점포 전면

가로 레벨의 점포 전면(storefront)은 상부 파사드의 피어와 간판을 부착한 프리즈(sign frieze)에 의해 틀이 만들어진다. 간판을 부착한 프리즈는 쇼윈도와 출입구가 있는 1층 점포 전면과 건축물의 상부를 분리한다. 쇼윈도와 출입구로 이루어지는 파사드의 아랫부분은 시각적이고 물리적으로 점포 접근을 제공하며, 각 점포의 개별성과 정체성이 가장 잘 표현되는 부분이다. 또한 보행자가 가장 직접적으로 보고 체험하는 것도 이 부분이다.

  1층 점포의 전면은 파사드의 초점이다. 점포 전면은 시각적 흥미와 활동감을 제공함으로써 거리를 흥미롭게 만들고 사람들을 끌어낸다. 또한 점포 전면은 건물 간 강한 수평적 연결을 통해 블록의 전면에 통일감을 주는 역할을 한다. 연속되는 쇼윈도,

▲ 매장 전면은 건물 파사드의 초점으로서 시각적 흥미와 활동감을 유발하여 가로를 재미있게 하고 사람을 끌어들인다. 사진 속 샌프란시스코의 매장 전면은 연속된 쇼윈도와 색감 있는 차양을 통해 강한 수평적 연결성을 가지고 블록을 통합하는 요소로 작용하고 있다.

▼ 쇼윈도는 점포 전면의 개방적 특성을 강조해야 하며 가로 환경에 기여해야 한다. 가로 레벨에 연속적으로 설치된 개방적 쇼윈도와 출입구는 가로 환경을 살리는 데 도움이 된다. 룩셈부르크(Luxembourg)의 상인들은 상품을 판매하는 데 점포의 전면 보행로를 이용하기도 한다.

일관된 사인 프리즈, 색감 있는 차양들은 건물들을 하나로 연결한다.

쇼윈도 건물 파사드의 아랫부분을 개수할 때는 점포 전면을 개방적으로 처리하여 가로 환경에 기여하는 것을 중요시해야 한다. 광고 프리즈와 상부 파사드 피어에 의해 틀이 잡히는 부분에는 개방적인 창문 처리 면적을 최대로 늘리도록 한다. 매장 전면은 개방감 있게 읽혀야 하며 상부 파사드의 불투명 매스와 대비되는 적극적인 시각적 초점이 되도록 한다. 연속되는 점포 전면의 쇼윈도와 출입구는 가로 환경을 살아 나게 하고 블록 전면을 통합하는 역할을 한다. 쇼윈도는 채워지거나 가려지지 않아야 하며, 변형된 경우 원래의 치수대로 복원하는 것이 좋다. 반사 유리를 쓰거나 윈도우를 어둡게 선탠처리하지 않도록 한다.

출입구 출입구는 점포 전면의 초점(focal point)이다. 전통적인 건물에서 안으로 들어가서 설치된 출입구는 점포 전면을 보다 분명하게 나타내고, 보행자에게는 건축적 다양성을 더하면서 위가 덮인 보호공간을 제공한다. 출입구가 쇼윈도와 같은 선상에 있는 경우, 차양을 설치하여 다양성을 줄 수 있다. 출입구의 문은 유리 패널을 포함하므로 최대한 매장 안이 들여다보이도록 한다. 문의 스타일과 부착된 철물은 상업 점포의 디자인 특성에 맞는 것을 쓰도록 한다. 어떤 경우에도 주택 스타일의 문짝을 사용하는 것은 피해야 한다. 매장 전면에 위층으로 올라가는 계단이 근접해서 설치된 경우, 이것도 소홀히 하지 말고 2차적인 디자인 요소로 인식되게끔 건축적으로 처리한다.

차양 차양은 단순하고 비싸지 않으면서도 파사드를 디자인하여 점포의 이미지를 높이는 데 매우 효과적인 수단이다. 차양을 통해 가로경관에 색채, 다양성, 흥미를 도입할 수 있고, 햇빛과 비로부터 보행자를 보호하여 보행 환경을 쾌적하게 한다. 차양은 점포 전면에 주의를 끌기 위해 사용하며, 블록 전면을 따라 반복되는 강한 수평 요소

▲ 전통적인 건물의 경우, 후퇴된 출입구는 점포 전면을 보다 잘 정의하고 가로 환경에 건축적 다양성과 흥미를 부여한다. 펜실베이니아주 베들레헴(Bethlehem)에서 점포의 차양은 가로경관에 색채, 다양성, 흥미를 도입하는 수단으로 작용하고 있다.

▼ 버지니아주 알렉산드리아(Alexandria, Virginia)에 있는 이 모서리 건물은 두 개의 주요한 가로에 면한 소매점 전면을 연결하도록 설계되었다. 아케이드를 통해 수변 레스토랑과 오픈 스페이스로 연결된다.

가 되도록 한다. 차양은 건물에 직접 부착되도록 하며, 보행공간에 기둥이나 폴대를 세워서 지지하는 것은 피한다. 호텔, 극장, 기타 주요한 건물들은 기후로부터 보호하기 위해 출입구에 건축적 캐노피를 도입하는 경우도 있다. 그러므로 디자인 가이드라인에서는 가로를 따라 보행자의 스케일을 유지하기 위해 차양, 캐노피, 사인의 적절한 혼합을 권장하는 것이 좋다.

건물의 옆면과 뒷면

가로와 공공장소에서 보이는 건물의 옆면과 뒷면은 도심부의 시각적 특성과 이미지에 큰 영향을 미친다. 보통 건물의 옆면과 뒷면은 건물의 전면과 같은 높은 수준의 디자인과 마감을 하지 않지만, 보다 매력적이고 짜임새 있는 외관을 가질 수 있도록 개선될 수 있다.

모서리 건물 블록의 모서리에 있는 건물은 전체 블록에 영향을 미치기 때문에, 가로의 연속성을 위해 모서리에서 점포의 전면은 앞쪽과 옆쪽에 모두 있어야 한다. 모서리 건물의 경우, 가로를 대하는 옆면은 대개 전면 파사드의 건축적 특성을 그대로 반복한다. 블록의 모서리에 있으므로 옆면 파사드는 보통 도심부의 한 지역에서 다른 지역으로 넘어가는 전환부가 되기도 한다. 그러므로 건물 전면 파사드의 점포 전면과 상부층을 유지하거나 복원하는 데 적용되는 가이드라인은 건물 옆면에도 동일하게 적용되어야 한다.

미완성 건물 옆면 건물 옆면이 완성되지 않은 채로 보이게 되는 경우, 노출된 배관을 제거하거나 가리고, 건물 전면 파사드의 재료, 색채 및 디테일을 옆면으로 연장한다. 창문을 설치할 수 없는 경우에는 페인트 그래픽을 도입해서 흥미를 더하는 것도 한 방법이다. 그래픽은 중성적인 색감을 가진 지역에 한정해서 써야 효과적이다.

▲ 점포 전면의 디자인 디테일, 대형 윈도, 매력적인 간판, 색감 있는 꽃 장식이 영국 요크(York)에 있는 보행가로로 사람들을 끌어들이고 있다. 도시 중심부의 오랜 건물에 대한 개수 가이드라인을 준비하여 적용한 도시들은 그렇지 않은 도시들보다 도심부 건물의 갱신을 촉진하는 데 더 성공적이었다.

건물 뒷면 주차장이 건물 뒤에 위치하는 경우, 건물 뒷면은 중요한 부 출입구가 된다. 그러므로 건물 뒷면도 건물 전면과 연관된 정체성을 갖고 보다 매력적으로 디자인되어야 한다. 최소한 벽의 표면은 깨끗하고 잘 수선되어 있어야 할 것이다. 서비스와 창고에 쓰이는 부분은 잘 정리되고 가려져 있어야 하며, 세심하게 유지 관리해야 한다. 건물 뒷면의 가려진 창문은 다시 열고, 매력적인 출입구, 간판, 조명 등을 설치해서 고객에게 어필하도록 한다. 차양, 쇼윈도, 조경으로도 건물 뒷면을 개선할 수 있다.

간판
상업 건축의 요소로서 간판은 개별 건물뿐 아니라 가로경관 전체의 수준과 외관에 큰 영향을 미친다. 간판은 건물의 건축 디자인을 보완하도록 디자인되고 부착 위치를 정할 수 있지만, 많은 경우 가로를 따라 시각적 혼란을 야기하는 주된 요인이 되기도 한다.

간판은 업소를 나타내고 그것의 이미지를 만들며, 제공하는 상품과 서비스를 나타내준다. 이것이 성공적이기 위해서 간판은 사람들의 눈길을 끌 수 있어야 하며, 지나치게 많은 디테일과 글씨를 담지 않고 포인트를 전달해야 한다. 그렇다고 지나치게 추상적이어서 전달하는 메시지가 모호해서도 안 된다. 각 간판은 그것이 달려 있는 건축물을 보완해야 하며, 블록의 전면을 구성하는 통합된 요소로서 기능해야 한다.

건축물에 대한 그래픽의 단순성과 조화성은 간판을 효과적이고 매력적인 시스템으로 디자인하는 데 있어 기본 원칙이다. 크기, 위치, 재료, 색채, 글씨, 조명 같은 간판의 요소들은 개별 업소의 긍정적 정체성과 도심부 전체의 통일된 이미지를 만들어내는 데 기여할 수 있다.

크기 간판의 크기는 개별 점포와 건물 파사드 전체의 스케일과 비례가 맞아야 한다. 건물의 건축적 특성을 가리거나 지배해서는 안 된다. 건물 전면의 직선 길이 1피트 (0.3미터)당 간판 면적 1평방피트(0.09평방미터)의 비율은 간판의 크기를 개략적으로 추정할 수 있는 기준이 될 수 있다. 돌출 간판의 경우는 20평방피트(1.8평방미터)를 넘지 않아야 한다.

위치 전통적인 다층의 상업건물에서 간판은 린텔과 간판 프리지에 부착하여왔다. 린텔과 간판 프리지는 지상 레벨의 점포 전면과 상부 파사드를 분리하는 지점이므로, 간판은 파사드의 상하 두 부분 사이의 경계로서 기능하며, 이들을 강하게 규정하는 데 도움을 준다. 그러므로 각기 다른 점포의 간판들이라고 해도 동일한 높이에 간판을 설치함으로써 블록의 통일감을 얻을 수 있다.

▲ 알렉산드리아(Alexandria)에 있는 킹 스트리트(King Street)의 작은 돌출 간판은 그것이 부착된 건물을 보완하면서 블록 전면을 통합하는 요소로서 작용한다.

▼ 캐나다 퀘벡시의 상인들은 가로 환경을 살리기 위해 그래픽 디자이너를 고용하여 다양한 색상을 가진 수백 개의 상업 간판을 디자인하였다.

재료 간판의 재료를 선택할 때 중요한 고려 사항은 건물의 전반적인 건축적 특성과의 조화이다. 목재, 금속, 플라스틱, 네온, 캔버스 등 다양한 재료를 고려할 수 있다. 플라스틱 패널 같은 질이 낮은 이미지를 주는 재료는 피하는 것이 좋다.

색채 간판의 그래픽 디자인과 색채는 상점가를 걷는 사람들의 체험의 질을 높인다. 밝은 색은 대개 무난하지만, 지나치게 많은 색을 사용하면 혼란스러워 보일 수 있다.

메시지 간판에 들어가는 글씨는 업소의 이름과 업소 운영에 관련된 꼭 필요한 정보에 국한하는 것이 좋다. 간판은 상품을 홍보하는 데는 이용하지 않는 것이 좋다. 단순성은 명료함과 우아함을 달성하는 핵심이다. 대담하면서도 단순한 글씨체와 잘 인식되는 심볼을 사용하는 것이 매우 효과적이다.

조명 번쩍거리거나 움직이는 간판은 일반적으로 도심부에 적절하지 않다. 오히려 간접 조명 간판이 더 적합하다. 보도의 보행자 편의 구역(pedestrian amenity zone)에 설치된 가로등은 대부분의 점포 전면 간판에 조명을 제공할 것이다.

공공 건물이나 기념물의 조명은 도심부의 분위기를 향상시킬 수 있다. 민간 개발자나 건축가들은 도심부의 공공 영역을 개선하기 위해 특별한 파사드 조명을 고려할 필요가 있다.

신규 개발

새로운 개발이 일어날 경우 그것은 기존의 건축을 보완하면서 도심부의 모습을 강화하도록 디자인되어야 한다.

채우기 개발^{Infill Development}

기존 건물이 들어 차 있는 도심부에는 빈 대지와 지상주차장과 같은 빈 곳이 있다. 이 빈 곳을 메꾸어나가는 채우기식 개발은 도심의 조직을 수리하고 강화할 수 있는 기회가 된다. 기존에 있는 양질의 건축물을 보호하는 것이 중요하지만, 다음으로는 이러한 채우기 개발을 잘 관리하는 것을 높은 우선순위로 삼아야 한다. 보행자 가로축, 주요 연결도로, 대중교통 중심 가로, 주요한 간선도로 등은 채우기 개발을 잘 관리해야 할 주요한 대상이 되어야 한다.

빈 곳을 채우는 건물은 기존 건축의 좋은 특성을 보강하기 위해 세심하게 디자인되어야 한다. 맥락적 디자인(contextual design)은 단순히 새로운 건물에 이전 건축 양식을 적용하는 것이 아니다. 오히려 맥락적 디자인의 목적은 기존 개발의 근본적인 디자인 특성을 찾아내어 그것과 조화되는 현재의 디자인 언어로 번안해내는 데 있다.

20세기 이전 전통적 시장(marketplace)이 형성되어 있던 때에는, 건물 스케일, 형태, 방향, 재료는 상대적으로 일관되었다. 다양성과 대비는 상대적으로 부차적인 스케일에서 디테일과 장식의 차이에 따른 것이었으므로 전반적인 일관성과 연속성은 쉽게 달성될 수 있었다.

그러나 엘리베이터, 에어컨, 철골 구조와 같은 기술적 혁신에 따라 현대 건축은 건물의 형태, 스케일, 재료와 성격에서 광범위한 선택을 할 수 있게 되었다. 그만큼 건물 사이의 대비의 가능성은 훨씬 커졌다. 하나의 프로젝트가 주어졌을 때, 독특한 개성을 만들어내려고 시도하는 경우, 새로운 도시 건축은 극적인 대비를 선호하여 기존 건축과의 일관성을 무시하는 경향이 있다. 그래서 때로 지나친 다양성은 도시 환경의 무질서와 부조화를 만들어낸다.

옛 건물과 새 건물의 혼합은 도심부의 시각적 특성에 다양성, 흥미와 깊이를 더해 줄 수 있다. 또한 건물 디자인에 있어서 첨예한 대비로 건물을 디자인하더라도, 그것들이 의미 있는 시각적 초점(focal point)이 되거나 랜드마크가 된다면 흥미롭고 극적인 효과를 낼 수 있다. 그러나 대비되는 건물들은 상대적으로 동질적이거나 차분한 건축적 맥락에서 차용될 때 효과적이다. 또한 도시 규모가 작을수록 대비에 대한 사람들의 인내심이 줄어든다는 점을 주목해야 한다. 소도시의 경우 강력한 대비는 기존 건축적 질서를 깨지 않도록 주의 깊게 적용해야 한다.

만약 채우기 건물이 기존 개발과 조화되어야 한다면, 기존 개발을 모방하기보다는 그것의 주요 특성을 이어가도록 해야 한다. 각 블록과 가로는 그 자신의 언어를 가지고 있을 것이다. 다음의 가이드라인은 이러한 디자인 언어를 어떻게 일관적으로 유지할 것인지에 대한 어느 정도의 실마리를 제공해준다.

전면 건축선 후퇴 새로운 개발은 기존 건축물의 건축선 후퇴에 맞추어 건물을 배

▼ 알렉산드리아(Alexandria)에 있는 새로운 업무용건물은 기존 건축의 좋은 특성을 강화하는 방향으로 디자인되었다. 맥락적 디자인의 목적은 기존 개발의 근본 특성을 파악하여 21세기 기술과 건축 재료를 사용하는 건물에 맞게 현대적으로 번안하여 적용하는 것이다.

치하도록 한다. 이는 기존 건물에 의해 형성된 벽면(edge)의 일관성을 유지하고, 도심부 환경 패턴을 보강하며, 보행자의 방향감을 증진하기 위한 것이다. 도심부에서 기존 건축물의 후퇴는 대개 도로의 선과 일치한다. 그렇게 함으로써 지상 레벨의 용도가 보도의 보행자 구역으로 직접 열리게 하는 것이다.

건물 사이 띄우기 건물 측면 공지의 후퇴는 기존 건물 사이의 공간 리듬에 부응하도록 한다. 보다 집중적으로 개발된 중심부에서는 블록을 관통하는 보행로가 있는 경우가 아니면 대개 측면 공지가 배제된다.

건물 높이와 크기 건물의 높이와 크기는 기존 개발과 조화를 이루도록 한다. 기존의 저층 개발지역에서 신규로 더 높은 개발을 하는 경우에는 높이의 변화가 원활하게

◀ 옛 건물과 신규건물의 혼합은 도시 중심부의 시각적 특성에 다양성, 흥미, 깊이를 더해줄 수 있다. 워싱턴 D.C.의 많은 역사적 건물들이 복원되어 신규 업무, 주거용 건물로 전환되었다. 채우기식(infill) 건물은 역사적 건축물의 스케일과 건축적 특성을 보완하도록 세심하게 디자인되어야 한다.

▲　워싱턴 D.C.의 라파엣 공원(Lafayette Park) 주변의 역사적 타운하우스가 정부 기관에 의해 복원되었다. 연방 정부는 추가로 업무공간을 필요로 하게 되었을 때 새로운 건물을 이들 기존 타운하우스의 뒤쪽에 중층 높이로 건설하기로 결정하였다.

▼　업무ㆍ상업 개발이 주요한 진입회랑을 따라 일어나는 경우, 인접지역의 역사적 맥락을 존중해야 한다. 베데스다(Bethesda)에 있는 이 새로운 중층 업무건물은 도로 경계선으로부터 후퇴한 후 건물 전면 부분을 보다 낮은 구조체로 처리했는데 이는 가로를 따라 기존의 저층 건축물과 대응하기 위한 것이다.

이루어지도록 한다. 건물 크기(mass)는 기존 건물의 스케일과 크기에 대응하여 지붕 높이를 다양하게 한다거나 건물을 후퇴시킨다거나 하는 등의 방법으로 세심하게 분절되도록 한다.

건물 출입구 건물의 주요 파사드와 출입구는 주요한 보행로이자 연결로 역할을 하는 가로에 면하도록 한다. 출입구의 간격과 디자인은 기존 건물의 것을 참고하여 일관성을 유지하는 것이 좋다.

건물 전면의 구성 전통적인 상업 건축에서와 마찬가지로, 새롭게 채워지는 개발의 가로 파사드는 가로 레벨의 점포 전면과 그 위의 건물 상부, 크게 두 부분으로 구성하는 것이 좋다. 두 부분은 강한 수평적 요소에 의해 분리된다. 특히 인간적 스케일과 생활편의시설이 핵심인 보행가로의 경우 지상 레벨의 점포 전면은 실내의 활동을 가로와 공유할 수 있게 가로에서 실내가 보이도록 큰 유리창으로 처리하도록 한다. 만약 건물의 일부에 주차장을 포함하는 경우에도 가로에 면한 전면에는 주차장을 두지 않도록 한다.

대형 신규 개발

도심부 관리에 있어 주요한 과제는 어떻게 대규모 고층 개발을 기존의 소규모 건물의 맥락과 통합시킬 것인지 하는 점이다. 매력적이고 일관된 어떤 건축적 특성이 존재하는 가로나 지구에서는 이들과의 적절한 조화가 중요하다. 기존 건축물의 다수가 스케일과 건축선 후퇴에 있어 어떤 지배적인 특성을 나타내고 있다면, 그것은 신규 개발이 부응해야 할 개발의 틀로 삼는 것이 좋다. 그러나 기존 건물이 특별한 것이 없고 평범하다면, 첫 번째의 신규 개발은 뒤따라올 개발에 대해 새로운 기준선을 제시하여 새로운 맥락을 만들어낼 수 있다. 기존의 디자인 수준이 빈약한 경우, 이러한 것을 반복하는 것은 바람직하지 않고, 오히려 새로운 개발을 새로운 표준을 제시하는 기회로 삼는 것이 바람직하다.

대형 개발이 새롭게 일어날 때, 건물은 기존의 도시 조직을 보완하고 높이와 스케일에서 점진적 변화를 만들어내도록 건물을 작은 단위로 분절하는 것이 좋다. 잘 분절되지 않은 형태와 매스(mass)는 피하도록 한다. 여러 블록을 차지하는 대형 건축물(megastructure)은 도심부의 격자형 가로망과 공간 구성을 파괴하고 효율적인 보행자 흐름을 단절하기 때문에 도심부에 해가 될 수 있다.

적절한 높이 제한 신규 개발에 대한 최고 높이 기준을 정하기 위해서는 도심부 개발의 목적이 무엇인지 먼저 생각해야 한다. 다음과 같은 사항을 고려할 수 있다.

❖ 기존 건물을 수복(rehabilitation)하는 것과 재개발(redevelopment)하는 것 가운데 그 지역에서는 어느 것이 바람직한가? 중요한 건축물이나 지구(district)를 보호할 수 있는 효과적인 수단이 만들어질 수 있는가?

❖ 최적의 가로 환경을 창출하기 위해 시장의 개발 잠재력을 수평적으로 분산할 때 주어져야 하는 개발의 우선순위

❖ 기존의 개발 밀도와 법적 허용 개발 밀도의 차이, 사업 타당성에 대한 지가의 영향, 합리적인 기간 안에 추가적으로 공급된 임대공간을 소화할 수 있는 시장의 능력 등과 같은 요인들에 의해 영향을 받는 개발의 경제적 측면

❖ 개발을 통해 증가될 교통 및 주차 수요를 가로 환경의 질을 떨어뜨리지 않고도 해결할 수 있을 것인가?

❖ 개발로 인한 시각적 영향과 그늘, 바람 등의 영향을 최소화할 수 있도록 고층 건물의 위치에 대한 가이드라인이 적용되는 방식

만약 이러한 객관적인 고려가 적정 건물 높이를 결정하지 못한다면, 이에 대한 결정은 더욱 주관적이고 정치적인 것이 된다. 그러나 그 결정은 여전히 경제 개발과 토지이용계획의 두 가지 목표를 균형 잡히게 하려는 의도에 영향을 받을 것이다. 즉, 고

▲ 보스턴의 코플리 광장 (Copley Square) 주변에 건설된 고층 건물은 트리니티 교회(Trinity Church)와 백 베이(Back Bay) 지역의 역사적 건물을 압도하고 있다 (위). 캘리포니아주 오클랜드 (Oakland, California)에서는 도심부에 고층건물을 지으려면 추가적인 오픈 스페이스를 제공해야 한다(아래).

용과 세수를 늘리고 도심 핵 지역에 요구되는 필수적인 활동의 양을 확보하려는 의도와 도심 커뮤니티의 정체성과 인간적 스케일을 유지하려는 토지이용계획의 목표 사이의 균형이다. 하나의 정답만이 존재하는 것은 아니다. 그러나 도심부의 이미지를 만드는 데 있어 가로 레벨의 디자인 처리는 건물의 높이만큼 중요하다는 것을 잊어서는 안 된다.

고층건물의 배치 기존 건축물이 도심부의 바람직한 정체성을 형성하고 주요 가로와 보행로에 인간적 스케일을 창출하고 있는 경우, 주요 가로 전면을 따라 형성된 전통적인 건축의 이미지를 유지하는 것이 가장 좋다. 이 경우 고층·고밀도 건물은 블록의 가운데에 배치하거나, 도심부의 전통적 중심부의 경계부에 위치시키는 것이 좋다. 어떤 경우든 간에, 새로운 고층·고밀도 건물은 전통적인 상업 밀집지역으로부터 가까운 보행 거리 내에 있는 것이 좋다. 그래야 경쟁적인 관계를 만들지 않고 도심 지역의 경제적 활력을 상호 강화할 수 있다.

건물의 높이와 크기의 변화는 주의 깊게 디자인되어야 한다. 예컨대 '건물 높이 대비 건축선 후퇴 비율(height-to-setback ratios)'을 의무화하는 것은 전통적인 가로의 전면으로부터 고층건물의 가시성을 최소화할 수 있다.

고층건물의 영향에 대한 대응 고층건물의 파사드는 위로 밀어올리는 심리적 효과를 가져오는데, 이는 가로에 대해서 일종의 '천장(ceiling)'과 같은 강력한 수평 요소를 도입함으로써 대응할 수 있다. 건물 입구 위의 수평부재인 상인방(lintel)이나 벽면 후퇴는 가로 레벨에서 실제 인식되는 파사드의 높이를 결정하는데, 이들은 주변 기존 건물의 처마돌림띠(cornice)나 상인방(lintel)의 높이에 맞추는 것이 좋다.

재료와 형태는 가로 레벨에서 환경이 3차원적으로 어떻게 만들어져 있는지를 느끼게 해주고, 스케일감을 느끼게 해준다. 그래서 재료와 형태는 고층건물을 포함하는 개발에 대해 가로 레벨에서의 인간적 스케일을 느끼도록 하는 데 도움이 된다. 건물의 하단부가 땅과 만나는 지상 레벨에서는 반사 유리를 쓰지 않는 것이 좋다. 그래야 가로가 보다 인간적인 공간이 될 수 있다. 고층건물을 시각적으로 나타내기 위해 건물 꼭대기 부분을 조각적으로 처리하도록 (특별히 디자인하도록) 규정을 정할 수 있다. 가로와 공공 공간에 햇빛이 들어오도록 하는 규정이나, 바람 터널이나 하강 기류 효과를 최소화하는 규정을 도입하도록 한다.

대형 건축물 Megastructures 고층이든 저층이든, 또는 고층, 저층의 혼합이든 관계없이 하나의 블록 전체에 또는 여러 블록에 걸쳐 진행하는 개발을 대형 건축물이라고 한다. 이러한 대형 건축물은 최근의 상업 센터 개발이나 대형 복합 개발 등에서 볼 수 있다. 이러한 개발들은 스케일이 크기 때문에 주변과 통합하는 데 각별한 주의가 요

▼ 호주 시드니에 있는 공원과 오픈 스페이스는 도심부에서 고층건물 개발의 훌륭한 조건이 된다. 고층건물은 오픈 스페이스가 이미 있거나 시간이 지나면서 만들어질 수 있는 지역에서 일어나도록 해야 한다.

망된다. 이러한 개발이 여러 블록에 걸치는 경우, 도심부에 일관된 개발 패턴을 부여하고 주요한 지점을 지름길로 연결하던 원래의 가로망이 단절될 수 있다. 그러므로 대형 건축물은 도심부의 보행연결과 시각회랑을 유지하도록 하고, 건물 내부에서 일어나는 활동이 가로와 연결되도록 해야 한다. 도시에 대해 등을 돌리고, 맹벽(blank wall)을 만들며, 모든 활동을 건물 내부로 집중하는 건축은 피해야 한다. 이러한 부정적인 영향을 최소화하기 위해서 다음과 같이 권고한다.

❖ 기존 건물 또는 기존 건물의 파사드 디자인을 대형 건축물의 설계에 도입한다.
❖ 긴 파사드의 수평적 특성을 작은 단위로 분절해서 도심부의 전통적인 인간적 스케일을 유지하도록 한다. 이를 위해서는 창문, 건축적 디테일, 변화 있는 건축선 후퇴, 지붕선 등을 활용할 수 있다.
❖ 건물의 덩어리 크기(mass)를 작은 부분의 집합이 되도록 함으로써 위압감을 감소시킨다.
❖ 기존 가로망과 연결되는 연속된 공공 공간과 보행로를 마련한다.
❖ 주 파사드와 출입구는 가로에 면하게 배치하여 주요한 보행자회랑으로서 기능하도록 한다.
❖ 대형 건축물을 가로와 기능적으로 통합하기 위해 1층 매장 전면과 소매상가 활동을 활용한다.
❖ 대형 건축물의 높이와 크기(mass)를 기존의 또는 계획된 주변 건축물과 자연스럽게 변화되도록 디자인한다.

이와 같이 새로운 개발과 건물 재생에 대한 지침은 개발 업자가 기존의 개발과 조화되고 매력적인 환경을 창출한다는 커뮤니티의 목표를 더 분명하게 이해할 수 있게 해준다. 이러한 가이드라인을 지키도록 규정하는 것은 새로운 개발 제안에 대한 분쟁이 장기화하는 것을 막고, 건축적 자유를 허용하면서도 디자인의 전반적인 질을 높여

▲ 대형 개발을 기존의 가로 조직과 오픈 스페이스와 통합하기 위해서는 각별한 주의가 필요하다. 대형 건축물은 보행연결과 시각회랑을 유지하고 건물에서 일어나는 활동을 가로와 연결되도록 디자인되어야 한다. 사진에서 보는 필라델피아 도심부의 소매상가 상점은 도시의 중요한 이미지 회랑인 가로에 면하도록 방향을 돌려야 한다.

▼ 시카고의 미시건 호수 변의 가로경관, 광장, 녹지공간은 노스미시건대로의 고밀도 주거 개발에 질 높은 환경을 제공하고 있다. 새로운 채우기 개발은 시카고시가 제정한 디자인 기준에 따라 규제된다.

준다. 그러한 가이드라인의 목적은 투자와 혁신을 가로막는 것이 아니라, 도시 중심부의 전반적 특성과 미래 발전을 깨지 않고 대형 건축물의 개발이 일어나도록 하기 위한 것이다.

12

계획 가이드라인

- 이슈와 기회의 도출
- 광범위한 참여와 합의를 확보하라
- 계획 결과물 만들기
- 공공 부문 집행 기법 개발

To build a better city is to work at the heart of civilization.

—Mort Hoppenfeld

보다 나은 도시를 만드는 일은 인류 문명의 가장 핵심 작업이다.

– 모트 호펜펠드

12

계획 가이드라인
Planning Guidelines

성공적인 도심부는 그 지역이 필요로 하는 다양한 기능을 제공하면서 높은 경제적 잠재력과 개발 타당성을 제공한다. 잠재적인 개발자와 임차인을 끌어들이기 위해, 개발 관련 커뮤니티와 시청은 기업가적 정신을 가져야 하며, 기존 또는 미래의 도심 내 비즈니스와 거주자들에게 정치적 · 재정적 지원을 제공할 준비가 되어 있어야 한다.

장기적, 중기적, 단기적 계획은 서로 정합성을 가지고 논리적으로 연결되도록 만들어져야 한다. 현재의 문제에 몰두하거나, 어떤 개발 제안이라도 받아들이거나, 재원이 부족하거나, 변화를 두려워하는 등의 단기적 편의주의로 인해 장기적이지만 달성할 수 있는 비전도 막아버리는 경우를 흔히 볼 수 있다. 담당 직원이 제한되어 있기 때문에, 시청은 시장 조건에 대응할 수 있는 계획 전략을 작성하고 집행하는 데 외부전문가의 도움을 필요로 할 수 있다. 여기에 제시하는 가이드라인은 이러한 전략을 마련하는 데 체크리스트로 활용될 수 있다.

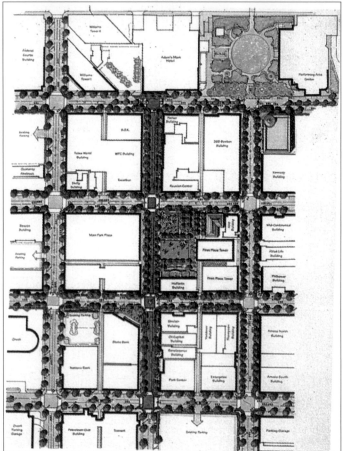

▲   시청의 공무원들이 도심부의 개발을 관리하기 위해서는 명료하게 작성된 물리적 계획과 비전이 필요하다. 오클라호마주 털사(Tulsa)의 경우, 민간 부문은 시청과 파트너십을 형성하여 도심부의 공공 영역을 개선하기 위한 상세한 디자인 플랜을 만들었다. 또한 도심부와 인접한 이용도가 낮은 지역의 장래 개발을 위한 도시설계 방향을 작성하였다.

이슈와 기회의 도출

❖ **다른 도시의 경험을 연구하라** 각 도시의 도심부는 시장 상황과 개발 잠재력에 있어 다르지만, 다른 도시들이 이룬 것과 그것들을 어떻게 달성했는지를 이해하는 것은 훌륭한 출발점이 될 수 있다. 모방에 의존하여 해결책을 마련한다는 것의 위험을 충분히 인식하면서, 다른 도시가 그들의 상황을 개선하기 위해 지나온 과정을 이해하면, 자기 도심부의 전략을 만드는 데 가치 있는 참조가 될 수 있다.

❖ **지역시장의 강점과 약점을 평가하라** 시간과 노력 낭비를 피하기 위해서는 도심부에 왜 바람직한 시장 요소가 결여되어 있는지를 이해하고, 도심부의 용도 구성을 강화하기 위한 초기 대상이 어떤 용도인지 파악해야 한다. 일반적으로, 업무, 문화, 공공 및 레스토랑을 포함하는 엔터테인먼트 용도가 가장 적합한 초기 대상이다. 주거도 초기의 잠재력을 가질 수 있다. 지역시장의 잠재력을 평가하는 데 전문가의 지원을 받고, 개발 제안을 좋은 프로젝트로 유도하는 전략이 중요하다.

❖ **도심부의 미래 이미지를 만들어라** 현재의 조건과 현재의 추세에 근거한 미래 전망에 비추어, 시장분석 결과 개발수요가 없거나 미약하더라도, 도심부의 이미지와 환경을 바꾸게 되면 새로운 개발수요를 창출할 수 있다. 여러 가지의 가정 시나리오('what if' scenario)를 만들어 점검하면 여러 가지 감추어진 잠재력을 발견할 수도 있다.

❖ **물리적 자산의 목록을 만들어라** 이는 시장잠재력을 강화하기 위한 기회 요소가 무엇인지 알게 해줄 것이다. 또한 도심부의 수용 용도의 기반을 확대해줄 것이다. 도시 중심부의 개발에 불리하거나 장애가 되는 요소가 무엇인지를 도출하여 대안적 해결책을 제시하는 것도 마찬가지이다.

▲   털사(Tulsa)에서 가장 중요한 두 상점가는 1970년대 보행공간을 늘리기 위해 자동차의 진입을 차단하
였다. 시간이 갈수록 상점과 업무공간 임대자들은 더 접근성이 좋은 지역으로 떠났다.

▲   가로를 다시 자동차에 개방하기로 결정했을 때, 여러 가지 계획과 스케치가 제안되었는데, 그 내용은 5번가와 메인 스트리트
가 만나는 곳의 보행공간을 다시 설계하여 제한적으로 자동차 교통을 수용하는 것이었다.

광범위한 참여와 합의를 확보하라

❖ **이해당사자들을 참여시키고 자주 일반 대중에게 알려라** 도심부에 이해관계를 가진 사람이라면 모두 계획 과정에 포함시킨다. 현재 도심부에서 영업이나 사업을 하는 사람, 거주자, 건물주, 개발 업자, 시청의 관련 부서, 기타 기관 등이 모두 포함될 수 있다. 이슈를 도출하고 목표를 설정하는 데 있어 최대한 광범위하게 이해관계자를 참여시키는 것이 좋다.

❖ **공공·민간의 협력 관계를 만들어라** 공공·민간 파트너십을 형성하여 도심부의 이슈를 도출하고 해결책을 집행하라. 이를 위해 도심 커뮤니티의 상공인 지도자들이 가지고 있는 전문성과 자원을 동원하라. 파트너십을 형성할 때는 민간 부분이

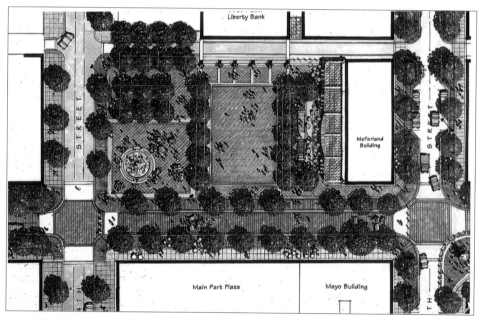

▲ 털사(Tulsa) 도심의 메인 스트리트를 따라 보행 활동을 장려하기 위해 분수가 있는 광장과 녹지공간이 마련되었다. 은행건물과 레스토랑이 분수 광장과 메인 스트리트에 면하여 들어설 것인데, 이는 도심부의 중요한 상업 중심 가로에 생명력과 활력을 더하게 될 것이다.

전임 책임자와 직원을 구비하여 권한을 갖고 운영 책임을 맡는 것이 좋다.

❖ 동의를 바탕으로 협력적인 과정을 통해 의사결정을 하도록 하라

❖ 비공식적 의사결정 구조를 장려하라

❖ 빠르게 하려면 천천히 하라　이슈, 목표, 가치를 정의하기 위해 초기 단계에서 충분히 시간을 들이도록 한다. 분명하게 정의된 비전에 도달하기 전에는 세세한 사항에 연연하지 않는 것이 좋다.

❖ 해결책을 찾는 과정은 개방적이고, 협력적이며, 교육적인 것이 되도록 하라　계획안에 대하여 반대할 사람들도 계획 과정에 참여시키면 해결책을 도출하는 데 중요한 역할을 할 수 있다. 다른 도시의 경험에서 배우고, 다양한 전문가의 도움을 얻는 것이 좋다.

❖ 모든 부문의 이해당사자 그룹이 찬성하도록 힘써라　민간 부문이 도심부에서 상업·업무나 주거를 개발하는 데 사업 타당성을 확보하기 위해서는 공공의 재정 지원이 필요할 수 있다. 공공 지원을 얻기 위해서는 목적과 전략에 대한 이해당사자 그룹의 동의를 얻는 것이 중요하다.

계획 결과물 만들기

도심부 계획의 결과물은 다음과 같은 사항에 유념하여 작성하도록 한다.

❖ **비전에 생명력을 불어넣어라** 계획을 수립하면서 수행한 다양한 분석에 근거하여 모델, 스케치, 사진 시뮬레이션을 만들고, 이를 이용하여 도시설계 목표를 전달하라.

❖ **계획결과물을 추상적으로 만들지 말고, 이슈를 구체적으로 다루면서 실제적인 집행과 연결된 시책과 사업을 강조하라**

❖ **장기적인 목적을 달성할 수 있고, 도심의 물리적 변화를 조정할 수 있는 명확한 틀framework을 설정하라**

❖ **빠르게 확실한 결과를 얻을 수 있는 사업을 설정하라** 조기에 가시적인 결과를 얻으면 이는 지역사회의 지지와 지원을 촉발하고, 자신감을 갖게 해주며, 도심이 살아난다는 재생의 이미지를 투영할 것이다. 초기에는 달성 가능성에 가장 초점을 맞춰라.

❖ **공공 환경 개선을 민간에 의한 도심 투자와 환경 개선의 촉매제로 이용하라**

❖ **소규모small-scale, 점진적인 접근 방식을 강조하라** 대형 프로젝트를 적정한 시간 안에 달성할 수 있는 경우가 아니라면, 하나의 대형 프로젝트의 성공에 의지하지 마라.

❖ **단기적인 조치와 우선순위에 대해 구체화하라** 장기적인 계획은 좀 더 일반적으로 하되, 단기적으로 공공과 민간 투자를 조율하고 통합하기 위해서는 분명하고 물리적인 관리의 틀을 정해라.

▲ 털사(Tulsa) 도심의 오피스타워 전면에 있는 오픈 스페이스는 주요한 공공 기능을 수용하도록 설계되지 않았고, 메인 스트리트의 조밀한 식재들은 이 중요한 장소의 전망을 가로막고 있다.

▲ 털사(Tulsa) 분수 광장과 메인 스트리트 개선사업의 이미지와 비전은 이 투시도 스케치를 통해 전달되었다. 계획안에 대한 시각적 이미지를 제공하는 것은 계획 과정에서 중요한 부분을 차지하였고, 공공 영역 개선안에 대한 합의를 이루어내는 데 매우 유용하다.

❖ 전체 계획을 홍보의 수단으로 이용하라 민간 부문의 개발 및 투자 기회를 확인하고, 이런 기회들에 대한 정보를 전달하고, 계획과 추진 전략이 가져올 이점을 지역 사회와 비즈니스 리더들에게 홍보하라.

공공 부문 집행 기법 개발

도심부 계획을 실현하기 위해서는 공공 부문에서 집행 기법을 개발해야 한다. 여기에는 다음과 같은 사항을 고려하도록 한다.

❖ 리스크를 민간 부문과 나누고 창의적인 기업가^{entrepreneur}와 공동 개발자^{co-developer}처럼 입장을 취하라 이러한 자세는 도심의 세수 기반(tax base)을 더 튼튼하게 하고, 새로운 민간 경제 개발의 유치를 더 수월하게 하며, 도심 거주자를 떠나지 않게 하거나 새로 유치하는 데도 기여한다. 또한 도심이 살기 좋은, 일하기 좋은, 방문하기 좋은 장소라는 긍정적인 이미지를 만들어낸다.

❖ 공공 부문 투자를 통해 투자 대상으로서의 도심의 경쟁력을 향상하라 이러한 공공 부문 투자에는 공연예술 센터, 컨퍼런스 센터, 스포츠 시설, 정부 청사나 법원 같은 새로운 앵커(anchor) 용도가 포함된다.

❖ 공공 개선을 통해 공공이 장기적으로 확고한 의지를 가지고 도심 환경을 관리할 것임을 보여주어라 이러한 노력은 민간 투자를 끌어오는 촉매가 될 것이다.

❖ 이용도가 떨어지는 공공 토지를 활용하라

❖ 공공 영역에 대한 민관의 의지를 확인시켜라 도심의 여러 이해관계자들이 가로

▲ 털사(Tulsa) 메인 스트리트 중앙에 위치한 돌출된 식재 아일랜드들은 상점들을 잘 보이지 않게 가리고, 특별한 행사 때 공간 전체를 사용하지 못하게 했으며, 보행자들의 저녁 활동을 제한하였다. 차량 진입을 제한했던 가로를 다시 설계하여 차량 통행을 허용하자 건물 개조와 가치가 높은 상업건물의 재사용에 대한 민간의 관심이 살아났다.

경관과 공공장소에 대해 우수한 관리 및 운영을 제공할 준비가 되어 있음을 확실하게 한다.

❖ 재정적인 인센티브를 제공하라 인센티브로는 토지 기부 채납(land writedowns), 저리 융자, 조세 담보 금융(tax increment financing), 개발 영향 부담금 면제, 세금 및 수수료 경감, 재개발 구역 지정 등이 포함된다. 최대한 많은 수단을 제공하도록 한다.

❖ 공공 부문에 속한 의사결정권자들을 확인하여 그들에게 책임을 주어라 도심부에 관련된 공공 부문의 의사결정권은 업무 영역에 따라 나뉘어져 있다. 새로운 개발 사업이 있을 경우 공공 부문의 대표를 정하여 민간 부문과의 논의에 참여하고 시청을 대표하여 의사결정을 할 수 있도록 한다.

▲ 털사(Tulsa) 도심에서부터 보행거리 안에 새로운 주거공간을 구축하는 것이 민간 부문의 주요한 목적이었다. 이 투시도는 도심 남쪽의 이용도가 낮은 토지를 새로운 주거와 녹색 보행공간으로 개발하는 방안을 보여준다.

◀ 털사(Tulsa) 도심에서 가장 중요한 상업가로는 통행을 금지하거나 일반 통행 패턴의 일부로 보행 환경이 악화되었다. 도심의 중추적인 역사거리인 보스턴 애비뉴(Boston Avenue)는 양방향 통행의 가로로 재설계되어 보행공간을 넓히고 매력 있는 가로시설물을 설치하였다.

❖ 승인 절차를 간소화하라 역사적인 건축물을 보호하는 한편 바람직하고 수준 높은 개발은 권장하는 방향으로 규제 장벽을 제거하고 개발규제와 심의절차를 개정하도록 한다.

❖ 도시가 필요로 하고 원하는 것이 무엇인지 미리 분명하고 강하게 열거해보아라 이것은 공공이나 민간이 각기 어림짐작으로 시간을 낭비하는 것을 막아주는 지침이 된다.

❖ 지침을 마련하여 일관성 있게 고품질의 프로젝트와 균형 있는 복합 용도 토지이용이 보장되도록 하라 이것은 개발에 대한 관심이 적든 높든 상관없이 마련되어야 할 지침이다.

❖ 도심에 복합 용도 개발이 이루어질 수 있는 환경을 만들어라 이를 위해 의사결정의 기준으로 지구단위계획(district plan), 개발규제(development code), 개발지침(development guidelines) 등을 활용한다.

❖ 다방면으로 동시에 작업하라 다양한 측면을 고려함으로써 지역사회의 폭넓은 지지를 받는 계획을 수립하고 채택하도록 한다.

❖ 인내력과 끈기가 필요하다는 것을 인지하라 장기적인 노력을 이끌 관리구조(management structure)를 구축하도록 한다. 자족성 있는 복합 용도 도심을 만든다는 것은 오랜 시간이 걸리는 일이며, 중간 과정에 적응과 수정이 필요하다.

13

비전수립 과정

A clear vision crafted by the decisions of a city's citizens and government leaders can meld a multiplicity of wills into positi unified action to substantially change the character of a city.

—Edmund Baco

도시의 시민과 시청 지도자들이 함께 만든 명확한 비전은 다수의 개별적 의지를 통합하여 미래에 바람직한 행동을 이끌어냄으로써 그 도시의 성격을 실질적으로 변화시킬 수 있다.

— 에드먼드 베이컨

13
비전수립 과정
Visioning Process

도심을 다시 살리고 그 성과를 지속한다는 것은 복잡하고 오랜 노력의 과정이다. 도심의 진화에는 몇백 명, 또는 몇천 명의 의사결정과 역할분담이 필요할 것이다. 이는 아무리 강력하고 의지가 있다고 하더라도 한 명 또는 하나의 단체가 전체 과정을 통제하지 못한다는 것을 의미한다.

개발자들은 투자 결정을 해야 한다. 그러나 그들의 결정이 곧 성공을 보장받는 것은 아니며, 그들이 만든 공간에 대한 시장수요를 만들어내는 것도 아니다. 공공 부문은 토지이용 및 디자인에 대하여 규제할 수 있으나 필요한 투자나 그들이 원하는 결과를 강제할 수는 없다. 상인들은 자신들 건물의 외관과 실내공간을 더욱 매력적으로 만들 수 있으나 고객에게 억지로 물건을 사게 할 수는 없다. 정치인들은 도심에 대한 지지를 약속할 수 있으나 약속을 실행하기 위한 행동이 필요할 때까지 그들이 그 자리에 있으리라는 보장은 없다.

이는 현실적으로 도심의 진화에는 일정한 불확실성이 존재한다는 것을 의미한다. 이와 같은 불확실한 개방적 과정(open-endedness)은 창의적인 계획과 마케팅, 그리고 융통성 있는 단계별 계획이 필요한 이유이다.

이런 융통성 때문에 서로 조정되지 않은 채 의제가 설정되고 단기적인 조치에 치중해서는 안 된다. 오히려 그것은 장기적인 성공을 성취할 수 있는 계기가 되어야 한다. 이런 함정을 피하기 위해, 의사결정자들은 모두에게 중요한 목적을 명확하게 설정하고, 합의를 이끌어내며, 잘 짜여지고 공감할 수 있는 도심 비전을 만들어 이를 널리 알려야 한다.

도심부에 대한 실행 가능한 비전은 단지 구체적으로 잘 작성된 '계획안(plan)'을 의미하는 것은 아니다. 또는 각자가 바라는 소원이나 희망을 모아 담은 '보따리'도 아니다. 실행 가능한 비전은 서로 지원하는 목적들로 구성되는데, 이는 목적 달성에 필요한 실행 조치와 이에 소요되는 비용을 충분히 검토하고, 주요 장애물들을 어떻게 극복할 것인지에 대한 생각을 공유한 가운데 도출된 것이어야 한다. 충분한 에너지와 시간을 들이고 협상의 결과로 만들어진 종합적인 도심계획은 도심부를 살리는 데 도움을 준다. 그것은 다수의 이해관계자들이 신뢰하고, 성취할 수 있으며, 공유하는 비전이기 때문이다.

도심의 옹호자들은 계획 과정 내내 참여하여 활력 있는 도심을 만들기 위한 자신들의 의견을 내야 한다. 교외로의 분산을 유도하는 도시정책 때문에 도심은 방치되고 시련을 겪었지만, 도심을 굳건하게 변호하는 목소리들은 도심의 사회적·문화적·경제적인 가치를 주장해왔다. 필라델피아시의 에드먼드 베이컨(Edmond Bacon)은 바로 이런 흔들림 없는 입장을 보여주었다. 그의 작업은 도심부 비전의 중요성을 깨닫게 해준다.

베이컨의 철학

에드먼드 베이컨은 1949년부터 1979년까지 필라델피아 선임 계획가로 활동하면서 오랜 기간 동안 많은 성과를 이루었다. 사례로 리튼하우스 광장(Rittenhouse Square)을 다시 살린 것과 필라델피아의 역사적인 오픈 스페이스 체계에 대해 시민들이 그 가치를 새롭게 인식하도록 한 것을 들 수 있다. 임기가 길었음에도 불구하고 베이컨의 접

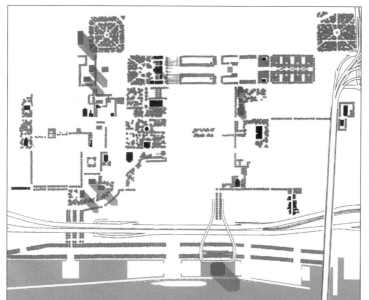

◀ 필라델피아 계획위원회(Philadelphia Planning Commission)가 마련한 계획안, 스케치, 모델들은 사회 지도자들과 민간 개발자들이 도심 동쪽에 위치한 역사지구의 재개발에 투자하도록 영감을 주었다. 에드먼드 베이컨은 녹색회랑을 델라웨어강(Delaware River)에서 인디펜던스 몰(Independence Mall)과 두 개 공원 광장까지 연결하여 시민들이 쾌적하고 매력적인 오픈 스페이스를 따라 재활성화된 동부지역으로 유인되도록 계획하였다.

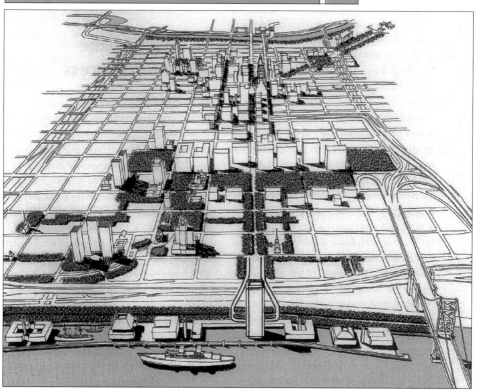

근 방식에 대한 성과가 재임기간 동안 뚜렷하게 나타나지는 않았지만 필라델피아시는 그의 비전을 반세기 동안 꾸준히 유지했다. 그 결과, 필라델피아 도심은 미국에서 가장 극적인 성공 사례로 인기 있는 장소가 되었다.

1967년에 출간된 저서인 『도시의 디자인(*Design of Cities*)』에서 베이컨은 도시는 인간의 의지를 잘 나타내며, 그 형태는 인류 문명의 가장 높은 염원의 표현이라고 주장한다. 현대 도시설계의 개념을 만든 사람으로 인정받는 베이컨은 "도시 건설은 인간의 가장 큰 업적"이며 도시의 형태는 "그 도시에서 사는 사람들의 결정체"라고 말한다.

베이컨은 필라델피아 도심 르네상스를 이끌었다. 베이컨은 도시 주민과 시청 지도자들의 결정을 통하여 명확한 '디자인 콘셉트'를 가진 비전을 만들면, 이것이 다수의 개별적인 의지를 녹여내어 도시의 성격에 상당한 변화를 줄 수 있을 만큼의 충분히 큰 스케일에서의 긍정적이고 통합된 행동을 이끌어낼 수 있다는 것을 보여주었다.

베이컨은 도시계획을 '사람들의 예술(people's art)'로 보았다. 사람들의 예술은 정책

결정자, 디자이너, 지역주민, 사업가와 지역사회 지도자들이 자신들의 도시에 대한 비전을 만들어내는 데 적극적인 역할을 하는 경험을 공유하도록 한다. 분석, 인터뷰, 교육적인 세션, 주민합의 구축 과정을 통하여 이들 이해관계자들은 참여하는 모든 이들에게 영감을 주는 비전을 만들어낼 수 있을 뿐 아니라 계획 전체에 대한 주인 의식을 갖는다.

이 과정에서 디자이너와 계획가의 역할은 지역사회의 요구와 희망 사항을 들어주고 그들의 생각을 부추기고 정제하여 최종 결과물이 지역사회의 진정한 목표와 비전을 담을 수 있도록 하는 것이다. 도시설계자와 계획가의 최대 과제는 건물의 외관이나 크기를 중시하는 것뿐 아니라 지역 당사자들의 결정과 실행 조치 과정을 도와서 지역사회의 우선순위에 맞는 계획을 추진하는 데 있다. 성공적인 비전 만들기 과정의 결과는 지역사회의 생각을 그림과 언어로 표현하는 것이며, 이는 미래 개발에 대한 비전이다. 베이컨에 따르면 "더 훌륭하고, 건강하고, 영감을 주는 도시에 대한 명확한 비전을 제시하지 않는다면 이는 사람들이 반응할 수 있는 그 무엇도 주지 못한 것이다"라고 했다. 지역사회와 디자이너는 계획과 비전 구축 과정의 결과로 완결성을 가진 물리적인 미래상을 제시할 수 있을 때 진정한 성공을 이루었다 할 수 있다. 이러한 물리적 미래상은 예술작품이라 할 수 있으며, 베이컨은 이러한 명료성과 형태를 가진 계획안을 바탕으로 상호교류 과정을 통해 고귀한 도시가 탄생한다고 생각했다.

베이컨의 전문적인 리더십과 우수한 디자인에 대한 열정은 미국의 크고 작은 도시들에 영감을 주었다. 그가 신뢰한 비전과 주민합의 형성 과정은 지역사회 지도자와 디자인 전문가들에게 도심을 재생시킬 수 있는 전략을 제공하였다.

밀워키 비전 만들기 과정

위스콘신주 밀워키는 도심 재생에 이런 비전 만들기 과정이 어떤 역할을 하는지 잘 보여주는 사례이다. 밀워키에서 이 과정은 위스콘신대로(Wisconsin Avenue)를 이전처

▲ 위스콘신대로(Wisconsin Avenue)는 밀워키시의 가장 주요한 상업가로이며 도심부 전체의 중심 보행축이다. 그림에서 보이는 위스콘신대로의 동측은 도심부와 미시간 호수(Lake Michigan)변에 있는 밀워키 미술관(Milwaukee Art Museum)과 호수변 공원을 연결한다.

Lake Michigan

▲ 밀워키시 도심지역의 개발계획안은 도심부 전역에 걸쳐 공공 영역을 개선해야 할 필요성을 강조하고 있다. 도심부 비전 만들기 과정을 통해 작성한 이 계획안은 가로와 오픈 스페이스를 일체적으로 엮어서 사람들의 삶의 질을 높이는 그린 인프라(green infrastructure)를 구축할 수 있다는 것을 보여주고 있다.

럼 도심의 가장 중요한 상업중심지이자 상징적인 통행가로로 되돌려놓는 데 중점을 두었다. 도시의 초점이 한 거리에 맞춰져서 범위가 좁다고 생각될 수도 있지만 이 프로젝트는 도심지역 전체에 영향을 주며 도심 재생의 긴 역사에서 다루어진 이슈들을 다시 다루게 되었다.

위스콘신대로 비전 만들기 과정은 1990년 초중반에 일어난 도심 개발 붐이 기반이 되었다. 1997년에 이르러 밀워키 시청 공무원과 지역사회 지도자들은 이러한 개별적 개발의 조정과 통합의 필요성을 깨닫고 밀워키 재개발 법인(Milwaukee Redevelopment Corporation)과 파트너십을 구축하였다. 밀워키 재개발 법인은 밀워키의 유지급 기업가로 구성된 도심지역계획을 업데이트하기 위한 비영리 단체이다. 이런 노력의 일환으로 밀워키시와 재개발 법인은 컨설팅 회사인 A. Nelessen Associates(Team ANA)를 고용하여 재활성화된 도심을 위한 새로운 비전을 제시하도록 하였다.

의견 수렴Public Input

30개월에 걸친 과정은 이해관계자들과의 인터뷰로 시작되었다. 이해관계자에는 선출된 관료, 비즈니스·교육계 지도자, 동네주민협회(neighborhood association) 등이 포함

◀ 도심부의 북쪽 경계부에 위치한 두 개의 중요한 공원은 도심부 근무자와 도심 북측 거주자들에게 오픈 스페이스를 즐길 수 있는 기회를 제공한다. 두 공원이 지역주민들에게 보다 개선된 서비스를 할 수 있는 방안을 찾는 연구가 수행되었다.

▲ 쥬노 공원(Juneau Park)의 개선을 위해 제안된 계획은 보행로체계와 전망을 할 수 있는 광장에 초점을 맞추고 있다. 광장은 사람들이 쉬면서 호수변의 공원을 향한 전망을 즐기도록 설계되었다.

되었다. 또한 공개적인 논의를 위한 포럼(public forum)이 개최되었으며, 지역사회를 대상으로 한 설문을 통해 밀워키 도심의 미래에 대한 적극적인 대화를 시작하였다. 이런 초기 대화와 열정적인 대중의 참여 세션들은 첫 콘셉트 계획(concept plan)의 기초가 되었고, 이는 의견 수렴을 위해 대중에게 공개되었다. 이 계획은 인터뷰, 공개 포럼, 설문을 통해 확인된 핵심 쟁점과 주민요구를 충분히 자세하게 다룰 수 있도록 작성되었다. 가장 중요한 사안으로 올려진 것은 채우기식 개발(infill development)과 보행 환경의 질에 관한 것이었다.

설계 과정이 계속되면서 Team ANA는 핵심 이해관계자들과 만나서 계획을 정제하고 실행 전략에 대한 의견을 제시하였다. 참여자들의 시각적 선호도 조사를 통해 도심의 특성과 요구사항에 맞는 거리·장소에 가장 적절한 유형 또는 특성을 제시하였다.

예상대로 설문을 통해 넓은 보행로, 가로수, 고품질 포장재, 보행자시설에 대한 높은 지지를 확인하였다. 전반적으로 설문 참여자들은 도심계획에서 가장 중요한 요소로 보행 체험을 가장 높게 평가하였다.

계획 추천 사항Plan Recommendations

1999년 시청에 제출된 밀워키 도심부계획(Milwaukee Downtown Plan)은 글, 이미지, 지도, 다이어그램, 그림 등으로 작성되어 있다. 이 도심부계획은 공터 활용 주택 개발, 적절한 건물 유형, 보행자 영역, 길 찾기 표기, 교통체계, 가로경관, 근린 주거지 연계 등에 대한 여러 가지 권장 사항을 제공하였다.

또한 이 계획은 밀워키시가 추구할 명확한 목표를 설정하고, 즉시라도 밀워키 도심의 개선에 '촉매 작용을 할 수 있는 사업'을 다수 제시하였다. 나아가 ANA 팀원들은 각 사업마다 하나씩 사업의 최종 목적을 제시하고, 그 사업이 가져올 혜택과 집행에 책임이 있는 당사자, 그리고 사업을 추진해야 할 정당성을 제시했다. 팀은 각 사업별 추진 방법을 추천하였고 이에 따라 개념도가 준비되었다.

밀워키 도심부계획에서 도심 재생 촉매사업으로 제시된 사업 가운데 하나는 위스콘신대로(Wisconsin Avenue)를 재설계하여 보행자 환경을 개선하고 지속적인 경제 개발이 일어날 수 있는 환경을 만들라는 것이었다.

위스콘신대로는 도심에서 가장 중요한 보행도로이며 도심으로의 관문 역할을 하고, 컨벤션 센터(Midwest Express Convention Center), 그랜드대로(Grand Avenue) 상업중심지, 밀워키 미술관(Milwaukee Art Museum) 등 주요 활동거점을 연결한다. 도심부계획은 대로를 따라 필요한 공공 영역 개선사업을 제안하였다. 이는 대로를 따라 최근에 일어난 개발을 활용하여, 밀워키대로의 예전 위엄을 되찾고 더 많은 사람을 도심으로 끌어들이기 위한 것이었다.

위스콘신대로가 도심의 최고 목적지로서 역할을 다하기 위해서는 18개 블록에 걸쳐 광범위한 개선사업이 필요하였다. ANA 팀은 보행 가능한 공간을 설계할 기회를 타진하여 대로에 넓은 보도, 대형 가로수, 그리고 고품질 자재와 편의시설을 포함시켰다. 하지만 기존 조건들이 개선사업의 제약 요소로 나타났다. 보도 밑에 설비시설관이 매설되어 있어서 기존 보행로를 재구성하는 것은 불가능했으며, 노상주차공간까지 보도를 확장하여 가로수와 보행자 편의시설, 가로시설물, 외부 카페와 노점상을 위한 공간을 확보하였다.

하지만 보행자 영역 개선사업만으로는 민간 투자를 유치하기에 불충분하였다. 환경의 질은 도심 교통, 특히 버스 운행으로 쉽게 저하될 수 있다. 보행자 영역을 개선하기 위하여 도심부계획은 대형버스의 노선을 위스콘신대로와 평행한 웰스(Wells)로와 미시건(Michigan)로로 이전할 것을 권장하였다. 버스 노선의 이전은 소음과 공해를 줄이고 버스 정류장을 없앨 수 있다. 도심부계획은 소규모 전기 수송 셔틀을 추천하였다. 이는 새롭게 개선된 보행 영역과 함께 위스콘신대로를 보행자와 대중교통의 축으로 더욱 활성화시킬 것이다.

도심부계획의 완성은 시와 민간 부문 리더들에게 미래 실행 가능한 전략과 비전을 제공하는 첫 걸음이었다. 그 후 시는 미 연방정부 교통부에서 재정지원을 받아서 보행 환경 개선과 도심과 인근 주거지역을 연결하는 신규 대중교통 연결체계를 계획하였다. 도심부계획의 권장 사항에 따라, 시는 위스콘신대로 서쪽에 있는 가로 개선사업 1단계에 자금을 사용하도록 제안하였다.

헤르츠펠트 재단Herzfeld Foundation 연구

밀워키 도심부에 대한 비전 만들기 작업과 때를 같이하여 민간 리처드 & 에델 헤르츠펠트 재단(Richard and Ethel Herzfeld Foundation)은 시청의 동의하에 컨설팅 회사인 HNTB에 속하는 도시계획 및 조경전문 LDR 인터내셔널(LDR International)을 고용하여 도시설계 서비스를 제공받았다. 재단과 LDR 팀은 도심 비전을 달성하는 데 가장 중요한 프로젝트로서 위스콘신대로의 보행 환경 개선, 성당 광장(Cathedral Square)과 쥬노 공원(Juneau Park)의 개조, 기타 오픈 스페이스 개선사업을 선정하여 제안하였다.

팀의 도시설계안과 투시 스케치(perspective sketch)들은 보행 환경의 재설계와 개선이 가져올 변화를 보여주었다. 예컨대, 설계 도면은 기존 보행로를 2.4미터 확장하여 아래 매설된 설비관을 지나 가로수와 보행편의시설을 제공할 수 있는 공간을 확보하도록 했다. 참여 방식을 통하여 팀은 토지주, 지역사회 지도자, 시와 카운티 관료들을 찾아가서 위스콘신대로의 가로수 개선사업과 두 개의 도심 공원 개선안을 검토받았다. 이 과정의 회의에서 제기된 권장 사항들은 설계안과 최종 스케치에 포함되었다.

헤르츠펠트 재단이 지원한 과정의 결과물인 투시 스케치와 설계안은 1999년에 수립된 도심부계획(1999 Downtown Plan)에 제시된 여러 가지 목표를 더욱 가다듬고 구체화하는 데 도움이 되었다. 이러한 과정을 통해 위스콘신대로의 보행자 환경을 개선하고 보행자들이 플란킨톤대로(Plankinton Avenue)의 서쪽에 있는 상가 및 엔터테인먼트 지역으로 흘러가도록 유도할 필요성이 제기되었다. 또한 노상 주차를 제거하여 가로 경관 향상과 노상 카페를 설치할 수 있는 공간을 확보하는 제안도 도출되었다. 네 개의 차선을 유지하여 도심 셔틀전차와 차량이 위스콘신대로에 면하는 건물들에 서비스 접근이 가능하도록 하는 방안도 제시되었다.

▲   도심부에서 가장 활발하게 이용되는 오픈 스페이스는 성당 광장(Cathedral Square)이다. 이곳은 작은 공원이지만 활기찬 상가와 식당이 밀집된 지역과 가까워서 인기가 있다. 공원개선계획은 분수 주변으로 새로운 광장을 만들어서 카페의 테이블과 의자를 놓을 수 있도록 했고, 사람들이 잔디에서 피크닉을 즐기도록 잔디밭은 보존하도록 했다.

▲ 보도 폭을 넓히고 가로수를 심어 개선한 위스콘신대로는 길이가 길지만 사람들이 걸어서 밀워키 미술관(Milwaukee Art Museum)과 호수변 편의시설로 갈 수 있게 유도한다. 이 노선은 도심부로 들어가는 관문으로서 밀워키에 살고 일하는 사람들이 도시를 즐길 수 있게 해주는 중심 가로가 되었다.

▲   훌륭한 가로는 비전 만들기 과정에 참여할 의지가 있는 커뮤니티 지도자들에 의해 만들어진다. 때로 도시 환경을 개선하는 데 가장 중요한 결정이 그에 합당한 커뮤니티의 적절한 참여 없이 일어나기도 한다. 이 스케치(위)는 위스콘신대로의 기존의 보행자 영역을 개선하는 데 있어 커뮤니티의 관심을 높이기 위해 작성되었다.

배울점과 제약사항

밀워키 사례는 비전 만들기 과정을 통해 얻을 수 있는 이점을 보여주는 동시에 핵심 공공 영역 개선사업에서 의견 일치를 이끌어내는 것이 얼마나 어려운지를 보여준다. 예컨대, LDR의 제안은 도심의 비즈니스 커뮤니티와 대부분의 시청 공무원들로부터 지원을 받았지만 교통분야 엔지니어들은 노상 주차 제거와 도로 폭 감축에 반대했다. 그러나 65면의 노상주차공간을 제거하도록 제안된 것은 사실이지만, 이는 위스콘신대로를 따라 개발된 오피스와 상업지역에서부터 도보 5분 거리 안에 7,500면 이상의 공공 주차공간이 있다는 것을 감안한 것이었다.

보행공간을 확장하고 보행 환경을 개선한 다른 도시의 도심부에서 확인할 수 있듯 이 밀워키의 위스콘신대로는 매일 수천 명을 끌어들일 수 있는 잠재력을 갖고 있다. 도심부계획에 따르면, "보행자는 도심의 생명선(lifeblood)"이며 보행공간의 신중한 설계와 관리는 밀워키 도심 개선에 핵심적인 요소이다. 도심부계획에서 제시된 비전을 실현하기 위한 첫 단계로서 시 공무원, 비즈니스계 지도자, 그리고 지역사회 구성원들은 보행 영역에 높은 우선순위를 두고 그 중요성을 강조하기 위해 다음과 같은 목표를 발표했다.

❖ 부정적이고 사람을 끌지 못하는 공공 공간을 긍정적이고 매력적인 공간으로 대체한다.

❖ 가로 개선과 함께 보행편의시설을 추가하여 보행 친화적인 환경을 만든다.

❖ 높은 수준의 건물 파사드로 구성된 가로벽(street wall)을 만든다.

❖ 기존에 있는 건물 입면들의 역사적 특성을 복원한다.

❖ 점포와 사무공간의 주 출입구가 위스콘신대로를 향하도록 한다.

❖ 상품, 서비스와 시설이 매력적으로 혼합되도록 새로운 구성을 계획한다.

❖ 위스콘신대로에 더욱 작고, 깨끗하고, 효율적인 대중교통 차량을 제공한다.

▲ 보도를 2.4미터 넓힘으로써 가로수와 보행자 가로등, 가로시설물을 설치할 수 있는 공간이 확보되었다. 위스콘신대로 (Wisconsin Avenue)를 따라 건설된 오피스 건물과 개수된 역사적 건물은 높은 수준의 보행 환경을 만들어내고 있다(위, 아래는 개선 전의 모습).

▲ 역사적으로 위스콘신대로의 서쪽 끝에 있는 주요 상가는 매장이 가로를 향해 열려 있어 활기찬 쇼핑 환경을 만들어냈다. 그러나 최근 실내 쇼핑아케이드가 개발되면서 가로를 향해 폐쇄적인 벽면을 만들고 내향적인 공간으로 바뀌었다(위). 이 스케치는 위스콘신대로를 따라 상가의 전면을 살릴 수 있는 기회를 나타내고 있다(아래).

▲ 새로운 옥외 활동공간을 개발하는 계획이 시청에 제안되었다. 위스콘신대로의 서쪽 끝에 특별한 장소성을 갖는 이 공간이 만들어지면 컨벤션 센터와 인근의 호텔, 소매상가지구는 혜택을 받게 될 것이다(위, 아래는 개선 전의 모습).

이런 목표들을 실현한다면 이 주요도로는 시각적으로 통합되고, 안전하고 활기찬 보행회랑으로 변모될 것이다. 위와 같은 지역사회의 비전과 도심부계획을 따른다면 위스콘신대로는 세계적인 수준의 활기찬 거리가 될 잠재력이 있으며 도심 전체는 이런 성공에 따른 큰 혜택을 얻을 것이다.

개발**계획**

- 계획 요소
- 계획 집행 수단

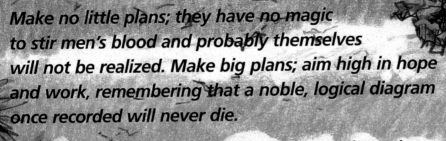

*Make no little plans; they have no magic
to stir men's blood and probably themselves
will not be realized. Make big plans; aim high in hope
and work, remembering that a noble, logical diagram
once recorded will never die.*

—Daniel Burnham

작은 계획을 세우지 마라. 사람들의 피를 뜨겁게 하지도 못하고 현실화될 가능성도 작다. 계획은 담대하게 만들어라. 숭고하고 논리적인 다이어그램은 한번 기록되면 결코 사라지지 않는다는 것을 명심하면서, 희망 속에서 목표를 높게 세우고 일에 임하라.

— 대니얼 번햄

14

개발계획

Development Plan

모든 도시는 도심부의 질을 향상시키기 위한 개념과 전략을 담은 미래 계획을 필요로 한다. 이 계획은 공공의 정책과 의사결정 기준을 제시하여, 지역사회가 바라는 것과 도심부의 발전목표를 개발자들이 미리 알 수 있도록 해야 한다. 좋은 계획은 모든 참여자들에게 게임의 룰(rule)을 규정해주며, 시행 수단과 함께 의사결정을 위한 예측 가능한 틀을 제공하고, 공공 및 민간 투자를 조율하는 근거를 제공한다.

개발계획(development plan)은 도심의 미래에 영향을 미치는 여러 가지 결정을 내리는 공공 기관들의 활동을 어떻게 조직해야 하는지에 대한 일종의 안내서(guide)이다. 또한 개발계획은 미래 개발의 우선순위를 보여주므로 '보험 정책(insurance policy)'의 역할도 하는데, 이는 선구자 역할을 하는 개발자와 투자자들에게 미래에 따라올 개발에 의해 자신들의 현재 사업이 나중에 더 성공적이 될 것이라는 생각을 갖게 해주기 때문이다. 더 나아가 개발계획은 개발 기회를 파악할 수 있게 해주고 적절한 신규 민간 투자에 대한 공공 부문의 지원 의지를 전달해주므로 마케팅 수단의 역할도 한다.

어떤 계획이 효과적으로 집행되기 위해서는 설정된 목표에 대한 정치적인 지원과 함께 지역사회의 폭넓은 합의가 있어야 한다. 도시설계 이슈와 원칙에 대하여 대중을 교육시키고 개발지침에 대한 합의를 도출할 수 있도록 계획 과정이 조직되어야 한다.

▲ 플로리다주의 레이클랜드(Lakeland, Florida)는 1990년 전략적 개발계획(1990 Strategic Development Plan)을 작성했는데, 이는 역사적 도심부를 재생하기 위한 대담한 비전이었다. 여기에서 제안된 바에 따라 시장, 도시계획위원회, 개발 당국은 공공 영역 개선을 위한 재원을 투입하였다. 10년 이내에 이들 공공 개선사업은 완성되었고, 민간 소유주들은 자신의 건물을 개수하고 새로운 상업공간을 건설하기 시작했다.

계획 자체는 실행력을 가지도록 작성하되, 가시적인 성과를 신속하게 얻을 수 있는 구체적인 단기 사업을 제시해야 한다.

계획 요소

도심부 개발계획은 세 가지 요소들을 포함해야 한다. 정책 및 목표 설정, 도시설계의

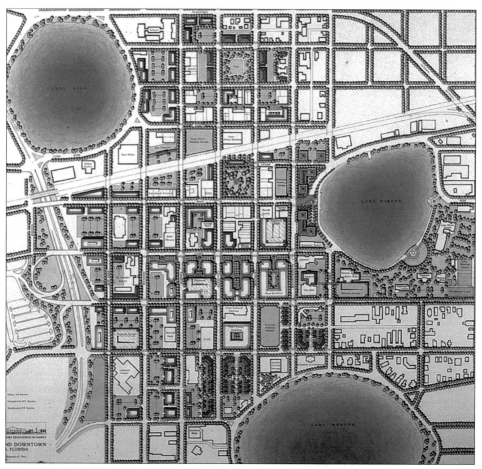

▲ 레이클랜드(Lakeland)의 도심부 개발계획은 보존과 개수(renovation)의 가치가 있는 모든 건물을 지정하고, 주차장으로 사용되는 토지에 대해서는 새로운 채우기식 개발(infill development)을 제안했다. 공공 영역의 개선이 시작되자 민간은 소유건물의 개수를 시작했다. 두 곳의 주차건물을 건설함으로써 새로운 업무와 상업 개발을 위한 토지가 확보되었다.

틀, 그리고 물리적 개발계획이다. 플로리다의 레이클랜드(Lakeland)는 이 장에서 언급한 것과 같은 계획 과정을 따름으로써 성공적으로 재활성화를 이루어낸 사례이다.

정책 및 목표 설정

정책과 목표를 분명하게 설정하는 것은 도심부 개발계획의 기초를 이룬다. 정책과 목표에 대한 서술(statement)은 도심부에 대한 기본 목표를 가장 단순한 형태로 표현하면 된다. 목표를 어떻게 달성할 것인지에 대한 구체적인 사항이나 목표를 달성하는 데 따르는 감수해야 할 손실 내용까지 언급할 필요는 없다.

도시설계의 틀Urban Design Framework

도시설계의 틀은 도심을 물리적으로 조직하는 구조를 결정할 공공 부문 요소를 강조하며, 이러한 요소들을 분명하게 하고 강화하기 위한 시행 계획을 제시한다. 도심 지역의 가로 패턴, 차량 동선, 주차, 대중교통체계, 보행도로의 네트워크, 가로경관, 오픈 스페이스 등은 이런 틀에서 언급된다. 이러한 요소들은 도심부의 공공 환경과 이미지를 결정하며, 민간 개발과 투자를 그 주변으로 유치하고 엮어내는 것도 이들 요소이다. 이런 개발은 도심부에 대한 공공과 민간의 헌신 의지와 투자를 오랜 기간 유지하는 데 필요한 모멘텀을 만들어내는 데 도움을 줄 것이다.

물리적 개발계획

도심의 물리적 개발계획은 새로운 기회를 파악하여 보여주며, 새로운 개발사업이 어떻게 도시설계의 틀과 기존 사업과 연계되어야 하는지에 대한 바람직한 설계 솔루션을 제안한다. 물리적 계획은 도심부를 구성하는 부분구역(subdistrict)을 표시하고, 각 부분구역의 랜드마크, 구경거리, 주요 개발 대상지를 보여준다. 또한 용도, 건물 높이, 전체 건물 형태(mass), 건물의 향, 건물 후퇴선, 보행자 연계, 주차와 서비스 접근 등 새로운 개발이 지켜야 할 내용을 보여준다. 훌륭한 계획은 도심의 비전과 물리적 잠재력을 표현함으로써 개발 관련 협상과 개발계획심의의 효과적인 기반이 된다.

계획 집행 수단

개발계획을 실현하기 위해서 두 가지의 수단을 동원할 수 있다. 규제와 인센티브, 그리고 설계심의(design review)이다.

규제와 인센티브Regulation and Incentive

규제는 도심부에서 일어나는 개발에 강제적으로 적용되며 인센티브는 민간 투자를 촉진시킨다. 이 두 가지는 시청의 도시계획부서나 경제개발부서에서 제안하는데, 이들 부서의 제안은 시민이 선출한 시장이나 시의회에서 채택이 될 때 집행 가능하게 된다. 규제는 용도지역규제, 지구단위계획, 개발계획심의(site plan review)를 통하여 적용된다. 인센티브 제공은 민간 개발자들이 도심에 편의시설을 제공하는 것을 유도하기 위하여 이용된다.

전통적인 용도지역제 접근 방식 대지별로 개발권을 통제하는 전통적인 용도지역제는 도심부의 다양한 토지이용을 허용하면서, 건물 높이, 규모 및 밀도, 건축선 지정 또는 후퇴, 주차장의 위치와 마감, 하역과 서비스 지역, 조경, 가리기 및 표지판 등을 통제함으로써 여러 가지 도시설계 목표를 달성할 수 있게 한다.

그렇지만 전통적인 용도지역제는 도심부 전체 또는 동일한 용도지역으로 지정된 지역을 차별없이 동일하게 취급하는 특성이 있다. 이는 개별 대지가 가지고 있는 기회 또는 제약의 차이를 고려하지 않으며, 도심의 부분지역별로 도시설계 목표가 다르며, 개발이 일어나는 위치에 따라서도 도시설계 맥락(예컨대 보행자·상업시설축)이 다르다는 사실에도 둔감하다. 결과적으로 지역별 차이를 반영하지 못하는 전통적인 용

▲   플로리다주의 교통국은 레이클랜드(Lakeland)의 미러 호수(Lake Mirror)의 경계부를 따라 도로를 건설했다. 1990년에 작성된 개발계획은 두 개 차선을 제거하고 1920년대에 조성되었던 원래의 보행자 산책로(promenade)를 복원했다. 그 결과 사람들은 다시 호수변의 산책로를 즐길 수 있게 되었다.

도지역제는 흔히 지구단위계획, 개발규제(development code), 그리고 설계심의에 의해 보완되어야 한다.

또한 전통적인 획일적 용도지역제를 운영하는 도시는 대지별 특성을 반영하는 계획이나 설계를 효과적으로 조정하지 못하며, 인근 대지와의 시각적 연속성과 기능적 통합을 최대로 살리는 데도 한계가 있다. 이러한 대지 간의 조정은 적합한 규제권에 근거한 심의나 개발계획을 통해 가장 잘 수행될 수 있다.

특별지구Special District　도시의 어디에서나 동일한 용도지역으로 지정되어 있으면 동일한 규제가 적용되는 전통적인 용도지역제는 도심부의 특성을 반영하는 데 한계가 있다. 그러므로 도심부를 특별지구로 지정하여 특별지구조례(special district ordinance) 또는 맞춤형 개발규제(development code)를 적용할 수 있다. 이들은 도심부 전체에 적용할 수도 있고, 도심부 내의 하나 또는 그 이상의 부분지역에 적용할 수도 있을 것이다. 이러한 조례나 규제는 적용되는 지역에 대한 상세한 물리적 계획을 필요로 할 것이다. 상세한 물리적 계획을 통해 그 지역의 바람직한 물리적 특성을 강화하고 그 지역에 맞는 목적을 구체화할 수 있을 것이기 때문이다. 또한 이들 조례와 규제는 새로운 개발이 해당 지역 고유의 성격과 일관성을 가지도록 도시설계 목표와 환경적 요구조건을 구체적으로 제시할 것이다. 이와 같이 개별 대지에서 일어나는 개발이 도심 전체의 개발과 조화되도록 규정하는 특별지구 지정은 대지별로 일반적인 규제에 그치는 전통적인 용도지역규제의 단점을 극복하는 데 도움이 된다.

계획적 단위개발 지구 Planned Unit Development District　많은 도시들은 계획적 단위개발 지구(PUD district)를 지정하여 창의적으로 토지이용규제를 시행하여왔다. 이런 PUD 지구에서는 다수의 대지가 전체적으로 계획되고 개발자들은 대지 간 밀도를 교환할 수 있게 되어, 지구 전체의 전체 계획에 따르면서도 계획에 있어 훨씬 큰 융통성을 가

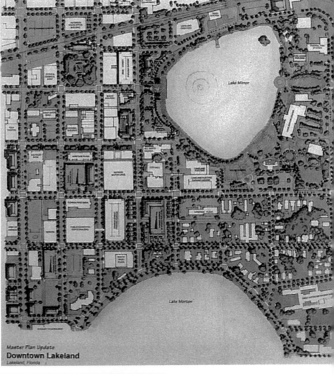

Master Plan Update
Downtown Lakeland
Lakeland, Florida

▲ 2002년 레이클랜드시는 향후 20년간 공공 및 민간 투자를 이끌어갈 개발계획을 새롭게 작성했다. 이 계획이 제안한 가장 중요한 사업 가운데 하나는 간선도로의 두 번째 구간을 폐쇄하고 미러 호수의 북측에 보행자 산책로를 연장하는 것이었다. 이어 확장된 호수변 공원과 산책로에 면한 2층짜리 식당이 제안되었다.

질 수 있다. 그 대신 시는 개발계획과 그 안의 설계 요소들에 대한 더욱 상세한 검토 권한을 갖게 된다.

단지계획 심의 Site Plan Review 　시청의 담당공무원과 계획위원회가 수행하는 단지계획 심의는 반드시 건설이 시작되기 전에 받도록 규정되어 있다. 이는 그 도시의 전역에 걸쳐 요구되기도 하고, 도심부에 대해 요구되기도 하며, 때로는 건물 높이나 용적률을 기존 규제보다 완화해주는 경우 그 지역에 대해서만 요구되기도 한다. 어떤 경우든 단지계획의 승인 기준은 사전에 주의깊게 준비되어 있어야 하며 일관되고 객관적으로 적용해야 한다.

인센티브 조닝 Incentive Zoning 　인센티브 조닝은 개발자들이 바람직한 편의시설을 제공하는 대가로 기존에 정해진 것보다 추가적인 건물 높이나 개발 밀도를 보너스로 허용한다. 인센티브 조닝은 보너스를 받기 전 기존의 용도지역제에서 허용된 밀도가 시장 수요보다 낮게 책정되었다는 전제가 깔려 있다. 지혜롭게 사용하면 인센티브 조닝은 광장과 공원 같은 바람직한 공공 편의공간을 만드는 데 민간 부문의 협력을 촉진시켜 줄 수 있는 장치가 될 수 있다. 그러나 밀도 보너스 프로그램은 효과적으로 이용되지도 않는 공개 공지가 지나치게 많이 제공되는 것과 같이 불필요한 공공 편의공간의 과도한 공급으로 이어지지 않도록 잘 관리되어야 한다. 또한 기반시설의 수용 용량을 압도할 정도로 개발밀도가 증가하지 않도록 해야 한다.

▲ 뉴욕주 올버니(Albany, New York)시의 도
심부 개발계획은 스테이트길(State Street)에 공
공 영역을 다시 조성하여 주정부 청사에 이르는
보행자 및 차량의 접근을 개선하도록 제안했다.
스테이트길은 주정부 청사와 허드슨(Hudson)
강을 잇는 도시의 중심축이다. 보행공간을 넓히
고 가로경관을 개선하면 이 중요한 시민가로를
따라 식당들이 야외 카페를 만들게 될 것이다.

▲ 올버니(Albany)의 상가축인 펄길(Pearl Street)은 교외에서 높은 수준의 쇼핑 환경을 제공하는 신규 쇼핑센터와 경쟁에 직면해왔다. 이들과 경쟁하는 유일한 길은 펄길의 공공 영역을 새롭게 조성하고, 건물과 상점의 전면을 개수하여, 지역을 다시 활성화하고 새로운 상점을 이곳으로 유치하는 것이었다.

디자인 심의Design Review

대개 디자인 심의(또는 건축심의)는 강제적으로 적용되기보다는 자문적 성격이 강한데 여러 가지 디자인 문제를 심의하게 된다. 예컨대, 건물의 위치와 크기, 주변지역에 대한 영향, 미학적 특성 등이 포함된다. 역사적 지역이나 특별한 성격을 갖는 지역에 대해 건축적 특성을 보존하려는 경우가 아니면 디자인 심의는 일반적으로 기능적인 문제에 초점을 둔다. 즉, 상세한 건축 디자인을 다루기보다는 제안된 프로젝트가 주변 도로, 보행로, 오픈 스페이스, 건물 등과 잘 조화되는지를 검토하는 것이다.

대부분의 용도지역규제에 규정되어 있듯이, 디자인 심의는 토지이용, 지면부 1층 프로그래밍, 건물의 향, 건축후퇴선과 건축지정선, 건물 높이, 형태와 밀도, 공공 편의시설 제공, 표지판, 주차의 위치와 처리방식 등을 검토한다. 모든 시의 디자인 심의에 2차적으로 중요한 의미를 두는 항목은 심미적 또는 건축적 측면이다. 건물재료, 색상과 질감, 입면 비례 및 디테일, 지붕과 처마(cornice) 선, 건축 형식 등이 여기에 해당한다.

디자인 심의는 용도지역규제에 법적 근거를 두고 있으며, 예시적인 지침은 도시계획위원회와 시의회에 의해 채택된다. 디자인 심의는 개발 프로젝트의 허가과정으로 단지계획심의의 일부로서 시청 담당자에 의해 처리될 수도 있고, 시의회와 도시계획위원회에 자문역할을 하는 별도의 독립적 심의기구에 의해 처리될 수도 있다. 대개 디자인 가이드라인은 강제력이 없기 때문에, 특별한 건축설계기준을 적용하려고 하면, 시청이 그러한 권한을 가질 수 있도록 법적 근거를 갖추어야 한다.

15

계획의 **집행**

*More than any other city, more than any other region,
the nation's capital should represent the finest in a living
environment which America can plan and build.*

—John F. Kennedy

그 어떤 다른 도시나 지역보다 국가의 수도인 워싱턴은 미국이 계획하고
건설해낼 수 있는 가장 우수한 도시 환경을 대표해야 한다.

– 존 F. 케네디

15

계획의 집행
Plan Implementation

이번 장에서는 모범적인 도심 재생과 개발사업의 사례를 소개한다. 이 사례들은 이 책의 앞 장에서 언급한 원칙과 가이드라인에 기초하여 구상되고 설계되었다. 총 17개 사업들은 각각 그들이 위치한 도시의 공공 부문과 민간 부문 리더들이 협력하여 만든 종합적인 도시설계계획(comprehensive urban design plan)과 집행전략을 기반으로 전개된 것이다. 사례로 선택된 사업 중 12개는 대도시에서 진행되었으며, 5개는 7만 5천~15만 명의 인구가 거주하는 도시의 사례이다. 미국 오리건주 포틀랜드(Portland, Oregon) 와 독일 카를스루에(Karlsruhe)의 사례는 도심부 공공 영역의 설계와 집행이 매우 높은 수준으로 이루어졌다는 점에서 선정되었다. 다른 도시의 공공 영역 개선사업들도 소개되었는데 이들은 저자가 해당 도시와 여러 분야 전문가 팀과 협력하여 제안한 것들이다.

사례 대상지가 위치한 대도시는 다음과 같다. 메릴랜드주 볼티모어(Baltimore, Maryland), 북아일랜드 벨파스트(Belfast, Northern Ireland), 일리노이주 시카고(Chicago, Illinois), 오하이오주 신시내티(Cincinnati, Ohio), 독일 카를스루에(Karlsruhe, Germany), 영국 리버풀(Liverpool, England), 영국 맨체스터(Manchester, England), 오리건주 포틀랜드(Portland, Oregon), 워싱턴 D.C.(Washington, D.C.), 델라웨어주 윌밍턴(Wilmington, Delaware). 이보다 작은 도시들은 다음과 같다. 아이오와주 시더래피즈(Cedar Rapids, Iowa), 위스콘신주 커노샤(Kenosha, Wisconsin), 플로리다주 레이클랜드(Lakeland, Florida), 플로리다주 새러소타(Sarasota, Florida), 조지아 주 서배너(Savannah, Georgia).

메릴랜드주 볼티모어_{Baltimore, Maryland}

내항 개발_{Inner Harbor Development}

볼티모어의 내항(內港)은 가장 극적으로 도심재생사업을 성공시킨 사례 중 하나이다. 내항의 개발계획에서는 사람들이 물 가까이에서 여가를 즐길 수 있도록 수변 산책로(waterfront promenade)와 여러 개의 공원을 조성할 것을 권장하였다. 높은 수준으로 조성된 산책로와 녹지공간의 개발은 사람들을 끌어들이고, 오피스, 전문 상가(specialty retail), 식당, 호텔, 주거 개발에 대한 민간 투자를 촉진하였다.

수변과 프랫길(Pratt Street) 북측의 오피스/상가 지역 사이에 매력 있는 연결공간을 제공하기 위하여 내항의 북서측 모서리에 주 보행자 광장(pedestrian plaza)이 조성되었다. 사람들이 걸어서 매력 있는 수변공간으로 갈 수 있도록 도로면에 횡단보도를 넓게 조성하였다.

또한, 수변의 공공 영역 개발은 내항 서쪽과 남쪽에 위치한 주거지역에 민간 투자를 불러들이는 계기가 되었다. 역사적인 주거지역을 다시 살림으로써 볼티모어의 내항과 도심은 생명력과 활력을 되찾았다.

내항의 비전을 나타내는 그림; 내항 마리나와 스카이라인의 전경; 수변 개발 전후의 오픈 스페이스

내항 중심과 연결되는 보행자 광장과 보도를 보여주는
공중조망; 내항으로의 진입 광장; 항구 산책로와 상가
파빌리온(pavillion); 발전소를 개조한 상가; 남쪽 수변의
스케이트장

시행: 1975년~1995년

메릴랜드주 볼티모어Baltimore, Maryland

오터바인 근린재생Otterbein Neighborhood Regeneration

볼티모어시의 성공적인 도심주거지 개발은 내항 서쪽과 업무 중심지역의 바로 남쪽에 위치한 오터바인(Otterbein) 지역의 재생에서 시작되었다. 역사성이 있는 이 지역의 약 40%가 고밀 주거단지 개발안에 따라 철거된 상태였다.

컨설팅 회사인 Charles Center Inner Harbor Management가 준비한 수정된 도시설계안은 105개 주택은 개수(renovation)가 가능하고 추가적으로 50개 연립주택을 신축할 수 있다는 것을 보여주었다. 역사성이 있는 주거건물의 외부 복원에 대한 가이드라인이 준비되어 새로운 주택 소유자들이 건물 전면을 고치는 데 도움을 주었다. 또한 채우기식(infill) 신규 주택 개발을 위한 가이드라인도 설정되었다. 2년 안에 기존에 있었던 모든 건축물은 개조되었으며, 채우기식으로 새로 짓는 주택들도 5년 안에 완성되었다.

볼티모어 시청은 공공 인프라를 다시 설치하고 각 블록 중심에 작은 공원을 연계하여 조성하였다. 동네 전체에 걸쳐 벽돌로 포장된 보행로와 역사성이 느껴지는 조명등이 설치되었다. 시가 공공 개선사업으로 투자한 재원 규모는 약 300만 달러이고, 이는 3,000만 달러 이상의 민간 투자를 불러왔다.

근린지구를 내려다본 전경; 개조된 주거와 자리 잡은 거리
전경; 개선된 가로경관의 스케치; 재개발 전의 빈 집들

채우기식(infill) 신규 주택 개발
전후 전경; 완성된 타운하우
스 사업; 제안된 타운하우스
스케치; 개조된 파사드와 주
입구의 풍경

시행: 1978년~1983년

메릴랜드주 볼티모어Baltimore, Maryland

간선대로 개발Boulevard Development

볼티모어시의 도심부 계획은 도심의 동쪽과 서쪽 지역으로 접근성을 제공하기 위한 두 개의 간선도로를 건설할 것을 제안했다. 그래서 동측으로는 6차선 고가도로가 계획되었는데, 이는 역사성이 있는 지역을 둘로 갈라 놓았을 것이다. 서쪽으로는 역사성이 있는 상업지구를 우회하면서 도심부 남쪽의 95번 고속도로(Interstate 95)와 직접 연결되는 지하도로가 제안되었다.

그러나 토지 소유주와 지역의 역사보존 운동가들은 이러한 제안에 반대하면서, 역사성이 있는 두 지역의 경제 재활성화를 촉진할 수 있는 대안을 만들고 이를 평가하도록 요청하였다. 메릴랜드주에서 역사보존을 담당하는 공무원은 고가도로나 지하도로 대신 가로수가 있는 간선대로(boulevard)를 건설하는 방안의 이점을 확인하기 위한 디자인 검토를 지지하였다. 이 대안이 보다 역사성 있는 건물을 존중하고 기존의 주거지와 상업지구에 있는 부동산 소유주들의 의사를 반영하는 것이기 때문이었다.

동쪽의 간선대로 건설은 리틀 이태리(Little Italy) 역사 지역의 부동산 가치를 높였으며 개인 투자를 위한 다수의 채우기식 개발을 할 수 있는 부지를 만들어냈다. 간선대로가 완성되자 시청과 주정부의 도로 관계자는 도심지역과 서쪽 주거지로 가는 관문이 될 수 있는 두 번째 간선대로를 건설하기로 결정하였다. 도로 양쪽으로 가로수가 이어지는 도로는 새로운 주거 개발에 대한 투자를 촉진하였으며 기존 서쪽 주거지의 재생으로 이어졌다.

개발되기 전의 도로부지; 간선대로 건설에 따른
거주지 개발; 제안된 간선대로의 스케치; 서측 대
로와 선형 녹지공간

도시 남쪽 진입로 재개발 전
후 전경; 보행로와 공원도로;
리틀 이태리 지역의 동측 대로
재개발 전후 전경

시행: 1977년~1985년

북아일랜드 벨파스트 Belfast, Northern Ireland

도니골 광장 개선 Donegall Square Enhancement

모든 길이 시청으로 이어지는 벨파스트 도심은 고전적인 도심개발 형태를 보여준다. 이 훌륭한 시청건물은 도심의 가장 큰 오픈 스페이스인 도니골 광장으로 둘러싸여 있다. 광장 주변은 멋진 역사적 건물들이 에워싸고 있어서 이 공공 공간의 중요성을 강조한다.

공공 영역 개선은 도니골 광장의 위엄을 회복하기 위해 설계되었다. 이를 위해 장식적인 문(gate)을 새로 설치하고 화강석으로 포장된 중정(courtyard)을 설치하여 시청건물의 앞마당을 매력적으로 만들었다. 보행로는 기존의 아스팔트 포장을 제거하고 포장과 도로경계석(curb)을 화강석으로 교체하였는데, 이는 정문 앞마당에 있는 사각형 잔디밭의 테두리 역할을 하면서 편안한 보행 환경을 만들어준다.

이 공공 영역 개선사업은 역사적인 오픈 스페이스를 벨파스트 시민을 위한 중요한 모임의 장소로 변화시켰다. 이 도시 중심공간을 개선한 결과, 도니골 광장을 둘러싼 블록에서 상업 활동 또한 번창하게 되었다.

도심을 내려다본 전경; 제안된 가로 개선사업을
보여주는 스케치; 시청 출입문; 개선사업 전 거리

제안된 개선사업의 스케치;
개선사업 전 공공 오픈 스페이
스; 개선된 녹지공간을 즐기
는 사람들; 개선사업 전후 도
로 포장과 공원시설물

시행: 1990년~1993년

일리노이주 시카고Chicago, Illinoi

일리노이 센터 개발Illinois Center Development

주변의 미시건대로, 시카고강, 미시건호와 그랜트 공원으로 둘러싸인 83에이커(약 10만 평)에 달하는 일리노이 센터(Illinois Center) 공중권 개발(air right development: 철도부지 상부 개발)은 미국에서 가장 큰 혼합 용도 개발사업 중 하나이다. 보행자 구역, 광장, 유리로 둘러싸인 공공 공간은 강, 호수변과 공원의 조망을 보호하기 위해 설계되었다.

개발대상지에 진입하는 주요 보행자 입구는 미시건대로에 있는 광장이다. 미시건대로는 시카고를 상징하는 주요 남북축 가로이다. 설계팀이 직면한 문제들 중 하나는 기후가 통제되는 일련의 공공 공간을 만들어 기존의 지하 보행로체계와 연결하는 것이었다. 하얏트 리젠시 호텔은 지하 보행로로 이어지는 대형 유리 아트리움(atrium)을 건설할 수 있는 기회를 제공했다. 이것은 다른 유리로 덮인 공간들과 함께 실내 보행 영역을 만들어 겨울철이나 바람이 많이 부는 날에도 수변지역을 즐길 수 있게 해준다.

일리노이 센터 개발은 바닥 면적이 743,000제곱미터(약 22만 평)가 넘는 오피스와 상업 공간, 3,400실을 가진 3개의 호텔(총 3,400실)과 주택 3,300세대를 수용했다. 시카고 시가 일리노이 센터 개발에서 얻는 세금 수입은 약 8,000만 달러에 달했다.

수변 마리나, 그랜트 공원, 일리노이 센터를
내려다보는 전경; 미시건대로에 면한 진입 광
장; 하얏트 리젠시 야외 카페; 그랜트 공원에
서 일리노이 센터를 바라본 전경

하얏트 리젠시 호텔 단지를 내
려다본 전경; 호텔 입구 정원;
유리로 둘러싸인 다이닝과 엔
터테인먼트 정원

시행: 1971년~1988년

오하이오주 신시내티^{Cincinnati, Ohio}

도심부 재생^{City Center Regeneration}

신시내티시는 민간 부문과 협력하여 도심에 있는 여러 개의 인상적인 공공 공간을 개발했다. 미국에서 가장 성공적인 도시 광장의 하나인 파운틴 광장(Fountain Square)은 공공 활동의 초점이자 사람들이 모여드는 중심공간이 되었으며, 다수의 블록에 걸친 주변 비즈니스 구역에 민간 투자가 일어나게 하는 촉진제가 되었다. 민간 부문 또한 공공 영역을 개선하기 위해 상당한 오픈 스페이스 편의시설을 제공하였다.

도심에 주택 개발을 촉진하기 위하여 신시내티시는 도시에서 가장 오래된 공원 중 하나인 피아트 공원(Piatt Park)을 재설계하여 주거지 개발의 촉매 역할을 하도록 했다. 역사성이 강한 가필드 플레이스(Garfield Place) 지역에 투자 관심이 있는 민간 개발자와 협력하여 2개 블록에 걸친 선형 오픈 스페이스를 조성했다. 가로수를 심은 공원 산책로(park promenade)를 조성하여 보행 활동을 촉진시키고 신규 주거 개발을 촉진시킬 수 있는 환경을 제공했다.

도심부의 전경: 개선 전후의 피아트 공원(Piatt Park) 산책로; 공원에 면한 신규 주택 개발; 신규 주택 개발에 따른 가로경관

도심에 위치한 보행로와 보행자 편의시설; 파운틴 광장(Fountain Square Plaza); 프록터 앤드 갬블 (Procter and Gamble) 공원과 정원; 피아트 공원 (Piatt Park)에 있는 가필드(Garfield) 대통령의 동상

시행: 1975년~1985년

독일 카를스루에^{Karlsruhe, Germany}

도심부 재생^{City Center Regeneration}

독일의 카를스루에는 유럽에서 가장 아름다운 도시 중 하나다. 도심의 공공 영역은 사람들이 도시 전역의 주거지에서 걷거나 자전거를 타고 도심으로 오도록 유도하기 위해 설계되었다. 또한 주변 커뮤니티와 연계된 주요 도로는 자전거전용차선과 경전철을 설치하여 자가용에 대한 의존도를 낮췄다.

대부분의 도로와 자전거회랑은 1700년대에 계획되고 개발된 역사적인 공공 통행로를 따라간다. 그 후 200년에 걸쳐 도시 중심에 있는 궁전 타워(Palace Tower)로부터 방사선으로 퍼져나가는 32개의 주요 가로가 건설되었다. 상업지구에서 도보 5분 거리에 있는 궁전 정원(Palace Garden)은 주민과 방문객들이 차분히 쉴 수 있는 장소를 제공하는데, 여기도 궁전 정원에서부터 하르트발트(Hardtwald) 보호림까지 많은 산책로와 자전거 도로가 방사선 모양으로 펴져나간다.

도심에 있는 산책로, 대로와 공원은 커뮤니티와 지역에 통합적인 환경을 제공한다. 이곳의 삶의 질은 세계적인 수준의 공공 영역을 설계하고 건설한 커뮤니티 지도자들의 비전과 책임감으로 인해 향상되었다.

문화지구 내 보행로; 상업
지구 중심의 경전철선; 중
앙 공원 안에 있는 야외 카
페; 도시와 연결되는 자전
거 도로와 보행로

궁전 주변에 위치한 정적인 여가공간; 상업지구와 연결된 정연한 형태를 가진 공원; 궁전에 있는 레스토랑과 카페; 원예 공원

시행: 1975년~1990년

영국 리버풀^{Liverpool, England}

도심부 재생^{City Center Regeneration}

유서 깊은 리버풀의 도심은 세계 수준의 관광지가 될 수 있는 기반이 되는 다수의 소중한 자산을 보유하고 있다. 영국 관광청(English Tourist Board)은 리버풀 시의회와 머지사이드주 개발청(Merseyside Development Corporation)과 협조하여 도심 전체의 공공 영역을 개선하는 종합개발계획을 준비했다.

그 후 5년 내에 두 개의 주요 보행자회랑을 다시 설계하여 고침으로써 가시성(visibility)과 차량 접근성이 개선되었다. 상업지역과 연결되는 가로와 보행로는 도심부 전역에 있는 공공 영역의 이용도를 높이기 위하여 개조되었다.

공공 영역에서의 가장 극적인 변화는 역사적인 피어헤드(Pierhead) 공공 공간의 재설계와 개선사업으로, 주차장과 버스 정류장을 철거하고 그 공간을 보행전용지역으로 변경한 것이다. 화강석으로 새로 마감한 광장과 수변 산책로는 뮤지컬 공연, 페스티벌 및 다양한 행사를 포함한 야외 활동을 위해 건설되었다. 공공 영역의 개선은 도심 전반에 민간 투자를 촉진하였다.

제안된 피어헤드(Pierhead) 개선사업
스케치; 완성된 공원; 수변지역 도시
설계계획안; 개발 전 주차장

보행 광장; 광장 조각상; 처치
스트리트(Church Street) 상가
회랑; 도시의 중요한 공공 공
간 두 곳

시행: 1988년~1992년

영국 맨체스터 Manchester, England

브리지워터 운하 재생 Bridgewater Canal Regeneration

맨체스터의 브리지워터 운하지구(Bridgewater Canal District)는 산업혁명 당시 수송로로 조성된 운하와 주변의 옛 공장부지 일대로서, 이곳은 산업혁명의 발생지이며 영국의 첫 도시역사유산 공원(urban heritage park)이다. 운하지구를 포함하는 일대 1,000에이커(약 120만 평)의 면적을 관광지로 육성하기 위하여 영국 관광청(English Tourist Board)은 역사적인 운하와 강의 개선 계획을 수립하였다. 이 계획안은 이 지역을 재생할 핵심 전략으로 부상했는데, 이는 계획을 통해 이 지역에 상당한 오픈 스페이스와 대규모 개발을 할 수 있는 부지를 제공할 수 있게 되었기 때문이다.

개발 초기부터 수변에 대한 접근성을 높여서 사람들이 수로가 만든 환경을 즐길 수 있도록 하기 위한 보행 환경의 개선이 강조되었다. 공공 영역에 대한 개선이 이루어지자, 민간 부문에서 주변의 창고건물을 퍼브(pub) 레스토랑, 사무실, 주거와 여가 시설로 개조하여 활기찬 지역으로 전환하였다.

공공·민간 개발기구가 설립되어 사업지역 내의 설계 및 건설을 관리했다. 9,000만 달러에 달하는 도시기반시설과 개발에 대한 공공 부문의 투자는 10년 동안 7억 1,500만 달러에 달하는 민간 부문의 투자를 이끌어냈다.

도심을 내려다본 전경;
운하 개선사업 투시도;
운하 개선사업 전후 전경

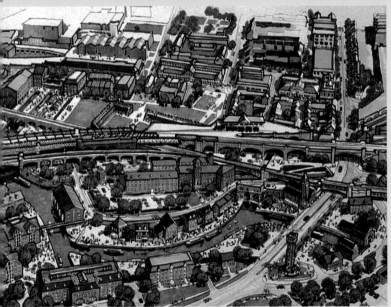

제안된 개선사업의 스케치; 개선사업 전의 운하 주변지역; 개조된 주거용 건물, 운하 가장자리의 개선; 고가 철로 아치형 구조물 밑에 개발된 레스토랑

시행: 1988년~1995년

오리건주 포틀랜드Portland, Oregon

도심부 재생City Center Regeneration

1960년대 후반 포틀랜드는 공해 악화, 주거지 감소, 역사적 건축물과 랜드마크의 파괴, 상업 활동의 감축 등과 같은 악영향의 위협받고 있었다. 포틀랜드의 지도자들은 활력 있는 도심을 만들기 위한 도심재생계획을 수립하기 위하여 뜻을 모았다.

초기 계획과 실행은 공공 영역을 개선하는 데 초점을 두었다. 강을 따라가는 주요 고속도로를 철거하여 수변 공원을 조성하였고, 중심 상업지역에서는 다수의 건물을 철거하고 그 자리에 지역주민들이 만나고 축제와 행사를 개최할 수 있는 파이어니어 코트하우스 광장(Pioneer Courthouse Square)을 조성하였다.

도심에서 가장 중요한 상가거리에 설치된 버스와 경전철 노선을 보강하기 위하여 상가거리의 보행 환경을 개선하였다. 공공 영역의 개선과 함께 가로에 공공 예술도 도입하여 포틀랜드 도심 환경이 질적으로 현격히 향상되었다. 이는 민간 부문의 투자로 이어졌는데, 수변지역에는 주거 개발이 일어나고 도심 전역에 걸쳐 전문 소매점, 호텔, 기타 상업시설이 활발하게 개발되었다.

지난 5년 동안 28,000제곱미터 이상의 새로운 상업시설이 추가되어, 전국적 유통업체, 지역의 브랜드, 독립적인 상점들이 좋은 혼합을 이루고 있다. 같은 기간에 5,000세대의 신규 주택 개발은 도심지역에 3개의 새로운 공원 조성에 대한 수요로 이어졌다. 포틀랜드가 도심 재생에 성공한 비결은 비전을 가지고 사람에게 친근하고 (people-friendly) 수준 높은(high quality) 도심부를 만드는 데 헌신한 데서 찾을 수 있다.

버스전용도로; 가로경관과 가로시설물; 상가 및
보행자 편의시설; 대로 경관

보행자 산책로와 주상복합 개발; 수변 공원 개발, 파이어니어 코트하우스 광장(Pioneer Courtyard Square)의 공공 공간; 경전철 거리; 아이라 켈러 분수(Ira Keller Fountain)

시행: 1975년~1995년

워싱턴 D. C. Washington D.C.

펜실베이니아대로 재생 Pennsylvania Avenue Regeneration

워싱턴의 펜실베이니아대로의 도시설계계획과 가이드라인은 워싱턴 국회의사당과 재무부 건물 사이에 있는 공공 영역을 다시 조성할 것을 제안하였다. 국회는 이 계획안을 승인하면서 국가적으로 유명하고 상징적인 펜실베니아대로를 따라 일어나는 모든 재개발사업에 가이드라인으로 적용하도록 했다. 이 계획이 강조한 것은 가로를 따라 편안한 보행 환경을 조성하도록 한 점과 행사와 행진을 위해 인상적인 배경을 제공하도록 한 점이다.

중요하게 제안된 설계안으로 12번가와 14번가 사이에서 펜실베이니아대로의 가로선형을 변경하여 두 개의 공공 공간을 만들어 대로의 시각적이자 기능적인 초점으로 기능하도록 하는 것이다. 이에 따라 조성된 퍼싱 공원(Pershing Park)과 자유 공원(Freedom Park)은 장소성을 부각시켰고, 호텔, 극장, 상업시설, 사무실과 레스토랑에 대한 투자를 촉진하였다. 또한 7번가와 9번가 구간 사이에 오늘날 네이비 메모리얼 광장(Navy Memorial Plaza)으로 알려진 광장을 조성하자 민간 투자가 뒤따랐다.

펜실베이니아대로 개선 및 개발 사업에 투입된 공공 예산은 1억 4,900만 달러이며, 이는 15억 달러에 이르는 민간 투자를 뒤따르게 했다.

제안된 공공 영역 개선을 보여주는 스케치;
거리경관 개선과 편의시설; 복원 및 개발 전
후 오피스 건물

거리 경관 개선; 펜실베이니아대로 동측을 내려다본 전경; 네이비 메모리얼 광장(Navy Memorial Plaza) 개발; 광장의 분수와 편의시설; 야외 카페

시행: 1975년~1990년

델라웨어주 윌밍턴Wilmington, Delaware

크리스티나 강변 개발Christina Riverfront Development

터브먼개럿 공원(Tubman Garrett Park)은 윌밍턴 기차역 옆에 위치한 공공 공간이며 윌밍턴의 재생된 크리스티나 강변을 따라 사람들이 모이는 커뮤니티의 중심이다. 이 공원은 수변과 도심 사이를 보행으로 연결시켜주고, 사람들이 명상에 잠기거나 정적, 동적 여가 활동을 하고, 역사를 느낄 수 있는 환경을 제공한다.

이 강변 공원은 페스티벌과 행사 외에도 연중 공공 여가를 위해 설계되었으며 그 중심에는 가로수로 둘러싸인 초승달 모양의 공간(crescent)이 있어서 강에 대한 조망을 제공한다. 공원 조성에 사용된 재료들은 20세기 초반의 윌밍턴에 사용되었던 건축 자재를 반영하였다.

터브먼개럿 공원은 비즈니스, 새로 개발된 리버프런트 아트 센터(Riverfront Art Center), 십야드 상가(Shipyard Shops), 야생동물보호구역을 연결하는 2.4킬로미터 길이의 수변 보행로 중간 지점에 위치한다. 강변의 재개발을 통해 세수 기반이 확대되고 800개의 일자리가 생겼으며, 지역주민과 관광객 방문이 늘어났다. 강변에 대한 공공 투자는 도심과 강을 잇는 역사적인 상업회랑을 따라 민간 투자를 촉진시켰다.

제안된 강변 개선의 스케치; 개선사업 후 강변; 출입문; 개선사업 전 강변 공원 부지

강변 산책로와 조경; 강변 오픈 스페이스; 두 개의
개발 전 수변 전경; 크레센트 가로수길 보행로

시행: 1996년~2000년

아이오와주 시더래피즈 ^{Cedar Rapids, Iowa}

도심부 재생 ^{City Center Regeneration}

시더래피즈 도심의 재활성화 전략은 도심에 위치한 48개 도시개선지구의 공공 영역을 개선하는 데 초점을 두었다. 종합적인 가로경관 개선사업은 도심부 전역에 걸쳐 민간 투자를 촉진하였다.

도심부의 도시설계계획은 사람 중심의 개발에 뜻을 같이하는 지역사회 지도자와 토지 소유주들이 계속적으로 모임과 워크숍을 하면서 발전시켰다. 2번가 회랑을 따라 보도를 넓혀서 가로시설물을 설치할 수 있는 충분한 공간을 확보했고, 주요 교차로에서의 보행 통행이 원활해졌다.

토지 소유주는 특별한 도로 포장재, 가로시설물, 조경시설에 대한 비용을 부담했으며, 공공 부문은 콘크리트 보도, 차도가의 연석, 조명과 하부기반시설에 대한 비용을 제공하였다. 1억 6,000만 달러의 공공 영역 개선사업에 대한 투자는 5억 4,000만 달러에 이르는 민간 개발사업을 유발하였다.

강변과 도심을 내려다본 전경; 지역의 투시
스케치; 개선사업 후 2번가 상가회랑의 보행
자 영역; 개선사업 전 2번가

소매상가 개수 계획을 보여주는 스케치; 개수 하
기 전 상가 모습; 완성된 리노베이션; 개선사업
후 2번가의 모습 두 곳; 개선사업 전 2번가

시행: 1988년~1993년

위스콘신주 커노샤^{Kenosha, Wisconsin}

항구 공원 개발^{Harborpark Development}

1989년에 커노샤는 미시건 호수에 면한 69에이커(약 82,000평) 면적의 공업지역을 재개발하는 10개년 계획을 수립하기 시작했다. 대상지에 대한 확실한 프로그램을 정하기 위하여 커노샤시는 비영리 민간개발자협회인 Urban Land Institute(ULI)를 고용하여 시장의 잠재력 평가와 개발 전략을 수립하도록 하였다. ULI 자문서비스 보고서는 커노샤시가 새로운 도시 주거지를 개발하기 위해 상세한 계획을 수립하는 데 필요한 기초를 제공했다.

대상지에 대한 설계안은 도심부의 업무지구로부터 기존의 격자 가로체계를 동쪽으로 확장하도록 제안했다. 또한 이 설계안은 수변과 도심부로 시각통로(view corrridor)와 접근성을 확보하기 위하여 공원과 대로(boulevard)를 하나의 체계로 갖추도록 제안했다.

오픈 스페이스 체계는 이 지역에 쾌적한 환경을 제공함으로써 고급주택 개발을 이끌어내고, 중심부 광장에는 커노샤 미술관(Kenosha Public Museum)이 새로 지어졌다. 시청이 개발한 공원과 대로를 따라 핵심 위치에 더 많은 공공 건물과 상가 개발이 계획되고 있다.

호수변 개발지구를 내려다본 전경; 수변
개발; 3층 콘도 주거지 개발; 경전철회랑

수변 산책로와 공원의 스케치;
개선사업 전 수변; 보행 산책로;
중앙 광장과 커노샤 미술관의 스
케치; 개발 후의 광장

시행: 1997년~2001년

플로리다주 레이클랜드 Lakeland, Florida

역사지구 재생 Historic District Regeneration

레이클랜드는 도심부의 역사성과 자연환경을 보존하면서 수준 높은 개발을 유도하기 위한 미래 비전을 수립하였다. 이에 대한 성과는 도심의 개선된 공공 영역, 레이크 미러(Lake Mirror) 공원의 개선, 그리고 다수의 역사적 랜드마크의 복원에서 확인할 수 있다.

가로경관 개선사업은 도심부에 대한 긍정적인 이미지를 구축했다. 보행자들은 가로수 그늘 아래 조성된 보행로, 계절이 느껴지는 가로조경, 독특한 조명, 그리고 레이클랜드 주요 도로를 따라 제공된 벤치들에 큰 만족을 표현하였다.

먼 공원(Munn Park)은 도심 상업지역의 중심 어메니티 공간이 되었다. 이 역사적 광장의 재건과 개선은 점심을 먹거나 축제 또는 특별행사에 참여하는 인기 있는 장소가 되게 하여 지역 일대를 다시 활성화했다.

도심 35개 블록에 8,000만 달러가 넘는 민간 자본이 투자되었으며, 총 1,200만 달러에 달하는 공공 재원이 공원과 가로 개선 자금으로 책정되었다.

도심을 내려다본 전경; 제안된 개발
의 스케치; 개선사업 전 레몬 스트리트
(Lemon Street); 레몬 스트리트 산책로
개선 스케치; 가로경관 개선

개선사업 전후 켄터키대로(Kentuc
Avenue); 개선사업 후 먼 공원(M
Park); 개선사업 전후 레이크미러 공
(Lake Mirror Park)과 산책로

시행: 1989년~2002년

플로리다주 새러소타Sarasota, Florida

도심부 재생City Center Regeneration

새러소타에서 종합계획 과정의 일환으로 개최된 공공 포럼에서는 도심부에 공공장소를 더 조성해야 할 필요성이 부각되었다. 시는 광장과 녹색공간의 개발을 위해 삼각형 모양의 대지를 매입하였고 종합계획 완료된 시점으로부터 3년 안에 새로 파이브 포인트 공원(Five Point Park)이 조성되었다. 기존 상가건물의 철거와 새로운 공원 조성은 대지 북쪽의 이용도가 낮은 토지에 대한 새로운 투자를 불러왔다. 이 중요한 오픈스페이스는 시(city)와 카운티(county)가 협력하여 새로 중앙도서관을 건립하게 만든 계기로 작용하였다.

새러소타시의 도심부 종합계획은 수변과 도심을 두 개의 보행도로로 연결해야 하는 필요성을 지적하였다. 이에 따라 이 종합계획은 보행자들이 지상에서 공원으로 길을 건널 수 있도록 베이프런트 드라이브(Bayfront Drive) 교차로에 신호등을 설치하기 위해 주(state) 고속도로 담당 부처를 설득하는 자료로 활용되었다.

제안된 파이브포인트 공원을 내려다본 스케치; 개선사업 후 공원; 개선사업 전후의 공원 대지와 광장

개선사업 전후 베이프런트 드라이브; 베이프런트 공원 개선; 수변과 도심의 도시설계계획; 수변으로 연결되는 보행로

시행: 1985년~1992년

조지아주 서배너_{Savannah, Georgia}

도심부 재생_{City Center Regeneration}

서배너의 도심지역을 대상으로 제안된 개발계획은 도심 상업·주거 지역 내 역사적 건물에 대한 민간 투자를 촉진하기 위해 공공 영역을 개선하는 데 초점을 맞췄다. 서배너의 주요 역사 거리이기도 한 브로턴 스트리트(Broughton Street)의 수준 높은 가로경관 조성은 이 소매상점가를 따라 그리고 남북측 블록에 있는 상업 부동산에 대한 재투자를 유도했다. 이 지역의 역사적 랜드마크 대부분은 개조되어 사무실, 호텔, 교육시설과 공공시설의 용도로 재활용되었다.

남측 상업지역에 위치한 오래된 주거지역은 재생 과정에서 근처 공원환경 개선사업의 혜택을 많이 받았다. 유서 깊은 광장 여섯 개가 재설계되어 새롭게 조성되었는데, 이는 광장, 가로수길, 대로(boulevard)에 면한 수백 개의 주택부지에 민간 투자를 끌어오기 위한 것이었다.

지난 15년 동안 도심에 위치한 상업지역의 부동산 가치는 8,000만 달러 정도 증가하였으며, 서배너시는 매년 10억 달러 이상의 관광수입을 내고 있다.

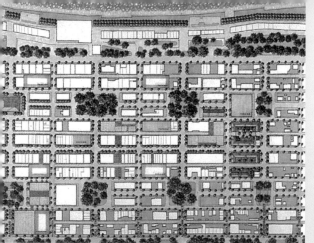

도심을 위한 도시설계; 올리언스 광장(Orleans Square); 브로턴 스트리트(Broughton Street) 상가 전면; 활성사업 전후 브로턴 스트리트

포사이스 공원(Forsyth Park) 산책로; 개선사업 전 화이트필드 광장(Whitefield Square); 개선사업 후 화이트필드 광장; 개선된
두 개 공원에서의 활동

시행: 1975년~1995년

A city should be a place with such
beauty and order that it is inspirational ...
the greatest cities are those with
the most beautiful places.

—Joseph Riley

도시는 아름답고 질서가 있는 장소로서 영감을 줄 수 있어야 한다.
가장 위대한 도시들은 가장 아름다운 장소를 가진 곳들이다.

– 조지프 라일리 (Joseph Riley)

결 론

성공적인 도심부는 저절로 형성되는 것이 아니다. 또한 역사적, 지리적, 경제적 조건이 좋았기 때문에 만들어지는 것도 아니다. 성공적인 도심부는 공공과 민간 부문에 속한 개인과 기관들의 지속적인 의사결정과 실천에 의해 만들어지는 것이다.

많은 도시들은 공공과 민간의 협력적인 노력으로 상당한 변화를 이루어냈다. 그러나 성공적인 도심의 개발에 있어 쉬운 공식이나 확실한 방법은 존재하지 않는다. 도시는 서로 다르다. 각 도시는 자기만의 자산, 고민, 특성, 기회를 가지고 있으며 성공에 이르는 길과 방법이 다르다.

그래도 도심의 성공 사례 연구를 통해 공통적인 교훈과 핵심 요소를 도출할 수 있다. 도심 사례 연구를 통해서 얻을 수 있는 가장 중요한 교훈은 공공 기관들과 시민들의 협력적 실천으로 상당한 변화가 이루어진다는 것이다.

20년 전 침체되었던 많은 도심부들이 오늘은 새로운 투자, 일자리, 비즈니스, 거주민을 끌어들이고 있으며, 거기에 살고 일하는 데 대한 자부심을 되찾고 활기차고 바쁜 도시 중심부로 부활했다.

그러나 잘 알려진 성공 사례 만큼이나 실패한 사례도 존재한다. 상업과 업무 기능의 지속적인 도심 탈출, 도심 르네상스를 의도하고 출발했으나 실패한 프로젝트 등이 그러한 사례이다.

도시는 어떻게 성공적인 도심부 개발 과정을 시작할 수 있을까? 도심부 재생이 민간 부문이나 재계의 이니셔티브로 시작하는 사례가 많지만, 공공 부문(시청)이 도심

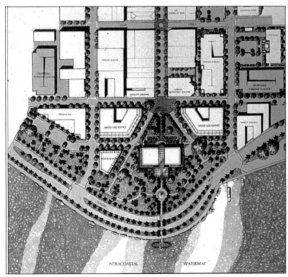

▲ 웨스트팜비치(West Palm Beach)의 상업지역과 수변에 대한 예비 도시설계안은 커뮤니티 지도자들이 서로 협력하여 도심에 대한 분명한 비전을 구축하는 동기를 부여했다. 이 비전을 통해 이루어진 민간 투자는 비전 만들기 과정의 가치를 증명해주고 있다.

재생의 전 과정에 걸쳐 핵심 역할을 하는 것이 결정적으로 중요하다.

출발점은 도심부에 대한 비전을 짜임새 있게 설정하는 데 있다. 비전은 광범위하고 야심차야 지역사회에게 영감을 주고 활력을 불어넣는다. 도심의 성공으로 이어지려면 비전은 충분히 종합적이어야 한다. 그리고 동시에 도심의 한계를 인지하고, 관리가 가능한 부분에 초점을 맞추어야 한다.

종합적인 비전에 대한 필요성은 당연한 것 같지만, 흔히 새로운 도심에 대한 비전 결여가 도심 살리기의 주된 장애물이다. 시청이 도심을 보호하거나 재생하려고 한다면, 미래를 멀리 보고 성취할 수 있는 잠재력을 파악하여 비전으로 만드는 것이 매우 중요하다. 기존 상황에 얽매여 부정적인 생각에 사로잡혀 기회를 놓치는 경우가 많다. 사소한 생각이나 부정적인 생각으로 앞길이 가로막히면 시간을 놓치게 된다.

비전의 실행은 시와 주변지역의 많은 관계자들의 열렬한 지지와 참여가 필요하다. 시청이 성공적인 도심에 대한 비전을 만드는 데 선도적인 역할을 할 때, 지역사회의 폭넓고 건설적인 참여가 뒷받침된다.

대부분의 시청 부서들은 현재 당면한 문제와 업무에 압도되어 있기 때문에, 도심부 비전 만들기 업무를 기존의 시청 담당부서에서 담당하거나, 비전 만들기에 필요한 조직, 인력, 예산, 권한이 없는 부서에서 맡는다면 제대로 된 비전을 만들지 못할 위험이 있다. 다수의 성공적인 도심 재생 프로젝트들은 도심 비전의 실행만을 담당하기 위해 새로 설립한 독립적인 준 민간기관(quasi-private agencies)에 의해 추진되었다. 이런 기관들은 광범위한 사업 역량과 권한을 가지고 민간 부문 주체들과 협상과 거래를 수행한다. 도심지역의 범위가 크고 문제가 복잡할 경우에는 이와 같은 특별한 기구를 창설하는 것이 특히 중요하다. 이러한 기관들은 권한의 범위가 분명하게 설정되어야 하며, 재정적으로는 시청의 지원을 받아야 한다.

이 책에서 언급된 가이드라인과 기준은 도심부의 비전을 만들고 그것을 집행하는 데 적용된다. 이러한 과제를 수행하는 데는 반드시 시청의 도시계획부서와 다른 관련 부서를 참여시켜야 한다. 그리고 외부의 도시계획가, 경제마켓 연구자, 도시설계가,

▲ 웨스트팜비치의 도심부 중심 상업축인 클레마티스길(Clematis Street)을 따라 건물과 상점 전면이 개수되었고, 보행로는 확장되었으며, 양방향 통행도 되살렸다. 그러자 5년 이내에 모든 역사성 있는 건물은 상업 용도로 임대되었다.

▼ 시립도서관 진입부는 신문가판대와 신호등이 무질서하게 자치하고 있었다. 주변 블록의 민간 개발을 촉진하기 위하여 시청은 클레마티스길의 시각적 종점인 도서관 진입부에 사람과 상호작용을 하는 분수(interactive fountain)를 조성하였다.

건축가, 조경가, 그리고 기타 주요 전문가들도 참여시켜야 한다.

　도심부의 미래는 그 도시 구성원 전체의 관심사여야 한다. 그래도 중요한 동력과 에너지는 도심부를 개선하고 미래를 제시하는 데 자신의 리더십, 아이디어, 독창성, 인내를 제공할 용의를 가진 사람들로부터 나올 것이다.

▼　원래 시립도서관 북측의 토지에는 단층 상업 건물과 주차장이 있었다. 시청이 부지 앞 공공 영역에 대한 투자를 하자 이 부지는 5층 주거건물로 대체되었다. 주거건물 1층에는 식당과 상점이 들어섰고 인근의 극장도 개수되었다. 이들이 합쳐져 활력 있는 특별한 장소가 만들어졌다.

성공적인 도심부를 가늠하는 데 기본이 되는 기준은 그 도시의 시민들과 방문객이 어느 정도 도심을 이용하는지, 얼마나 자주 이용하는지, 방문에서 어느 정도 만족하는지다. 그 도시의 시민이나 방문객 모두 도심에 끌리는 이유는 도심부가 바쁘게 돌아가고, 매력적이며, 다양성이 넘치고, 편안한 장소이기 때문이며 거기에서 여가를 즐길 수 있고, 다양성을 체험하며 높은 만족감과 기쁨을 얻기 때문이다. 도시의 심장인 도심부는 새로운 투자, 새로운 사업, 새로운 아이디어를 끌어들이는 열린 문이며 가

▼   거주자와 방문자 모두 잘 설계되고 관리된 공공 공간에서 시간을 보내고 활력을 체험하는 것을 즐긴다. 그리고 그것을 가치롭게 생각한다. 이점은 플로리다의 웨스트팜비치(West Palm Beach)에서나 뉴욕의 브라이언트 공원(Bryant Park)에서나 모두 같다. 크고 작은 모든 도시가 도시생활의 체험을 향상시키고 풍요롭게 하는 하나 이상의 도심공원은 가지고 있어야 한다.

장 좋은 광고이기도 하다.

성공적인 도심은 규모, 위치, 역사와 관계없이 어느 도시든 실현 가능하다. 가는 길은 멀고 어렵고 장애물로 가득할 수도 있다. 도심부 재생에는 혁신이 요구되고, 창의적인 자금 조달 방법이 모색되어야 하며, 리더십과 커뮤니티 참여가 있어야 하고, 미래에 대한 신뢰도 지속되어야 하므로 단기적으로는 성공을 거두기 어려울 수 있다. 그러나 작은 불꽃이라도 지필 수 있으면 도심 재생의 과정은 시작될 수 있다.

도심부의 잠재력을 구현하기 위해 도심부를 재생시키는 데 드는 비용은 세수 증가, 고용창출, 비즈니스 활성화 등의 이점과 비교하여 고려되어야 한다. 초기에 추정된 비용이 너무 많게 느껴질 수 있지만, 이 비용을 적당한 기간에 걸쳐 나누고, 도심 재생의 경제적인 혜택에 대한 이해를 형성하고, 일부는 조기에 성과를 내게 되면, 재생사업에 대한 지역사회의 지지를 얻을 수 있을 것이다. 나아가 만약 도심재생사업을 하지 않는다면 도심에 대한 미투자가 계속되고 도시 전체의 활력을 약화시키는 결과를 가져올 것이라는 점을 분명히 인식시킨다면 더욱 확실하게 지역사회의 지지를 얻을 수 있을 것이다.

오늘날에는 20년 전과 달리 도심부 재생은 더 설득력이 있고 잘 받아들여지고 있다. 이러한 변화는 에드먼드 베이컨(Edmund Bacon), 제인 제이콥스(Jane Jacobs), 다니엘 패트릭 모이니핸 상원의원(Sen. Daniel Patrick Moynihan), 제임스 라우스(James Rouse), 윌리엄 화이트(William H. Whyte)와 같은 선각자들 때문에 가능했다. 이들은 도심부는 희망이 없다는 비관적 생각이 만연한 가운데서도, 도심이 우리의 삶과 지역사회를 얼마나 풍요롭게 할 수 있는지를 공론화하고 도심부에 대한 새로운 비전을 제시했다. 이들 덕분에 우리는 더욱 자신감 있고 결단력 있게 도심부의 미래 비전을 좇을 수 있게 되었다.

도심부 재생을 위한 자원 출처

성공적인 도심부 재생과 개발에 대한 보다 자세한 정보를 얻고자 하면 다음의 자원을 참고할 수 있다.

    미국의 민간 부동산개발 비영리 법인인 ULI(Urban Land Institute)는 도시 개발과 재생에 관련된 조사, 연구 저작물과 사례집을 발간하고 있다. 민간 단체인 International Downtown Association는 미국, 캐나다를 중심으로 도심부의 비지니스개선지구(Business Improvement District), 도심개발기관, 민간 컨설팅 업체를 지원하는데, 도심부 관리, 도심 재생과 마케팅에 대한 전문 서비스와 정보를 제공한다. 전국역사보존 연맹 The National Trust for Historic Preservation도 메인스트리트 프로그램(Main Street Program)을 통해 도심부 재생과 역사보존에 대한 다양한 자료와 정보를 제공한다. 이외에도 미국의 경우 건축가협회(American Institute of Architects), 도시계획가협회(American Planning Association), 조경가협회(American Society of Landscape Architects), 영국의 경우 도심부관리협회(Association of Town Center Management)도 도심부의 도시설계와 개발에 대한 풍부한 자료를 제공해오고 있다.

사진, 그래픽 출처

특별하게 표시한 것을 제외하고, 이 책에 실린 모든 사진은 저자의 소장이다. 다른 사람이나 기관의 것으로서 허가를 얻어 실은 것은 다음과 같다.

- James Abott-Brynat Park, New York City.
- Fred Jarvis-the Champs-Elysees, Paris.
- Patric Mullaly-Lakeshore Drive, Chicago.
- Jerry Johnson-aerial view of Illinois Center, Chicago.
- Martin Luther King, Jr., Memorial Library-historic photographs of Washington, D.C.
- National Captial Planning Commission-aerial view of the White House and Lafayette Park.
- Eric Hyne, Encore Arts-perspective sketches of urban design projects.
- Tishman Speyer Properties-Potsdamer Platz.

| 지은이 |

사이 포미어Cy Paumier

미국 오하이오 주립대학교Ohio State University에서 조경, 하버드대학교 디자인 대학원Graduate School of Design: GSD에서 도시설계를 전공하고 40년 넘게 도시설계 실무전문가로서 활동해 왔다. 메릴랜드주 컬럼비아시 신도시를 개발한 Rouse Company에서 도시계획 책임자로 재직하였으며, 100년이 넘는 역사를 가진 세계적인 도시개발 컨설팅 회사인 미국 HNTB Corporation에서 도시설계 프로젝트의 책임자를 역임했다. 이후 H NTB Corporation의 설계 수석고문이며, HNTB사 소속 LDR International의 설립자이자 이사로서 50개 이상의 미국, 영국, 유럽 도시의 도심부 계획 및 재생 프로젝트에 참여했다.

| 옮긴이 |

장지인

홍익대학교 스마트도시과학경영대학원 조교수. 도시설계, 도시계획, 스마트도시, 친환경주거, 건축계획 등의 과목을 강의한다. 호주 University of New South Wales에서 건축설계 학사, 미국 Massachusetts Institute of Technology에서 건축학 석사, 그리고 서울대학교 환경대학원에서 도시계획 박사를 취득하였다. 서울연구원 세계도시연구센터에서 재직하였으며, 해외도시연구와 서울시 우수정책 해외진출방안 연구를 하였다. 공동역서로 「젠더, 정체성, 장소성: 페미니스트 지리학의 이해」가 있다. 관심 연구 분야는 스마트 녹색도시, 외국인 주거지, 도시와 여성, 도시재생 등이다.

여혜진

국무총리실 산하 건축도시공간연구소 건축연구본부에서 부연구위원. 서울대학교 환경대학원에서 도시계획학 박사학위를 취득하였으며, Harvard University에서 건축학 석사학위를 취득하였다. 주요 연구 실적으로 지역개발사업 디자인관리체계 도입방안 연구, 읍면동 행정청사 리모델링 가이드라인 연구, 집단적 건축협정 도입 및 건축협정 활성화를 위한 제도개선 연구, 행정중심복합도시 공동체 활성화를 위한 복합커뮤니티센터 조성방안 및 추진전략 연구 등이 있으며, 번역서로 「도시설계: 모던 도시, 전통 도시, 녹색 도시, 시스템적 도시」가 있다.

김광중

서울대학교 환경대학원 및 도시설계협동과정 교수. 도시계획, 도시재생, 도시설계 관련 과목을 강의한다. 충남대학교에서 건축을, 서울대학교와 미국 워싱턴 대학교에서 도시설계 및 계획을 공부했다. 서울시정개발연구원 도시설계연구센터 실장, 도시계획연구부장을 역임했으며, 서울 도심부계획, 서울 도심재개발기본계획, 용산지역개발기본계획 등을 수립했다. 저서로 「서울20세기 공간변천사」, 「Urban Management in Seoul」 등이 있으며, 번역서로 「도시설계: 장소만들기의 여섯 차원」이 있다.

활기찬 도심 만들기: 도시설계와 재생의 원칙

초판 1쇄 인쇄 2018년 11월 10일
초판 1쇄 발행 2018년 11월 20일

지은이 사이 포미어
옮긴이 장지인 · 여혜진 · 김광중
펴낸이 김호석
펴낸곳 도서출판 대가
편집부 박은주
마케팅 오중환
관리부 김소영

등록 311-47호
주소 경기도 고양시 일산동구 장항동 776-1 로데오메탈릭타워 405호
전화 02) 305-0210
팩스 031) 905-0221
전자우편 dga1023@hanmail.net
홈페이지 www.bookdaega.com

ISBN 978-89-6285-205-9 93540

이 도서의 국립중앙도서관 출판시도서목록(CIP)은 서지정보유통지원시스템 홈페이지(seoji.nl.go.kr)와
국가자료공동목록시스템(www.nl.go.kr/kolisnet)에서 이용하실 수 있습니다.
(CIP제어번호: CIP2018023173)